U0174985

宁夏高等学校一流学科建设（草学学科）项目（NXYLXK2017A01）资助

宁夏植物图鉴

（第一卷）

李小伟　林秦文　黄　维　**主编**

科学出版社

北　京

内 容 简 介

《宁夏植物图鉴》（共4卷）是一部全面、系统介绍宁夏植物区系的专业图鉴。本卷（1）共收集宁夏维管植物43科、145属、397种（包括种下等级），在内容上用简洁的文字介绍了每种植物的中文名、拉丁名、科属分类、形态特征、产地和生境，同时借助彩色图片对每种植物的生境、叶、花和果等特征进行了全面展示，弥补传统植物志的不足，便于读者识别和掌握植物主要特征。本书集实用性、科学性和科普性于一体，是对宁夏植物区系的重要补充。

本书对深入研究宁夏植物分类和区系生态地理具有重要的科学意义，也可为科研、教学、环保和管理部门的工作提供参考。

图书在版编目（CIP）数据

宁夏植物图鉴.第一卷/李小伟，林秦文，黄维主编. —北京：科学出版社，2021.11

ISBN 978-7-03-070127-5

Ⅰ.①宁… Ⅱ.①李…②林…③黄… Ⅲ.①植物-宁夏-图集 Ⅳ.①Q948.524.3-64

中国版本图书馆CIP数据核字（2021）第212035号

责任编辑：刘　畅 / 责任校对：贾伟娟
责任印制：张　伟 / 封面设计：迷底书装

科 学 出 版 社 出版
北京东黄城根北街 16 号
邮政编码：100717
http://www.sciencep.com
北京建宏印刷有限公司 印刷
科学出版社发行　各地新华书店经销

*

2021 年 11 月第　一　版　开本：787×1092　1/16
2024 年 1 月第三次印刷　印张：15
字数：384 000

定价：168.00 元
（如有印装质量问题，我社负责调换）

《宁夏植物图鉴》编委会

编　　委：李小伟　吕小旭　黄文广　林秦文　朱　强　窦建德

黄　维　翟　浩　王继飞　余　殿　刘　超　李志刚

李建平　田慧刚　杨　慧　杨君珑　李亚娟　余海燕

袁彩霞　王　蕾　马丽娟　马惠成　刘万弟　王文晓

李静尧　马红英　闫　秀　赵映书　赵　祥　曹怀宝

师　斌　王　冲　杨　健　李庆波　任　佳　徐志鹏

曹　晔　田育蓉　张嘉玉　刘慧远

摄　　影：李小伟　吕小旭　林秦文　朱　强

本 册 主 编：李小伟　林秦文　黄　维

本册副主编：吕晓旭　杨君珑　黄文广　杨　慧　王文晓

参 编 人 员：刘万弟　闫　秀　师　斌　李静尧　张嘉玉

赵　祥

前　言

　　宁夏回族自治区位于中国西北内陆东部，黄河中游上段，辖区范围东经104°17′~107°39′，北纬35°14′~39°23′，全区土地总面积为 6.64 万 km²，是中国半湿润区、半干旱区向干旱区的过渡带和典型的农牧交错区。北部三面有腾格里沙漠、乌兰布和沙漠和毛乌素沙漠环绕。黄河自中卫南长滩进入宁夏，流经卫宁和银川平原，蜿蜒 397km，流至北部石嘴山市头道坎麻黄沟出境入蒙。全区是典型的大陆型气候，全年平均气温在 3~10℃，降水量南多北少，大都集中在夏季；干旱山区年平均降水 400mm，引黄灌区年平均 157mm。地势南高北低，土壤和植被呈地带性分布，土壤从北向南主要是灰钙土、黑垆土和山地灰褐土；宁夏植被水平分布南端为森林草原带，向北依次过渡为典型草原带、荒漠草原带和荒漠带，其中典型草原和荒漠草原是宁夏植被的主体。宁夏面积虽小，但生态系统多样，沙漠、荒漠、草原、湿地、森林均有，具有适宜众多植物生存和繁衍的各种生境。据《宁夏植物志》（第二版）记载，宁夏有历史记录的维管植物 1909 种，隶属 130 科 645 属。

　　近年来，随着宁夏生态文明建设的大力投入，植物多样性保护、合理开发和可持续利用野生植物资源不断推进，而在植物分类人才严重短缺的情况下，急需一部科、属齐全，种类较多，能反映当前植物系统学现状和宁夏植物区系变动，且中文名、拉丁名正确，简明、实用、图文并茂的植物分类著作——《宁夏植物图鉴》，可以满足我区农、林、牧、医药、环保行业、科研和教育等部门科技人员和基层工作者对植物分类的需求。

　　《宁夏植物图鉴》（共 4 卷）记载约 1700 种维管植物；全书共分四卷：第一卷为蕨类植物、裸子植物和被子植物（从睡莲科至鸭跖草科）；第二卷从金鱼藻科至蔷薇科；第三卷从胡颓子科至杜鹃花科；第四卷从杜仲科至伞形科。蕨类植物是按照蕨类植物系统发育研究组系统（Pteridophyte Phylogeny Group，PPG I）排列；裸子植物是按照多识裸子植物分类系统排列；被子植物是按照被子植物系统发育研究组系统（Angiosperm Phylogeny Group，APG Ⅳ）排列；所有物种的中文名、拉丁名及科、属拉丁名均参照《中国植物志》、《Flora of China》、中国植物名录（China Plant Catalogue，CNPC）核对和修正；并且补充近 50 种新分布植物。本书对每种植物用简洁的文字介绍了中文名、拉丁名、科属分类、形态特征、产地和生境；并用彩色图片对每种植物的生境、叶、花和果等特征进行了全面展示，便于读者识别和掌握植物主要特征；同属种的排列按照种加词英文字母顺序。

本书是针对宁夏植物区系，集学术和科普性为一体的图书。本书的出版对深入研究宁夏地区植物资源、物种多样性以及当地生态环境保护策略等都具有重要意义，同时为宁夏地区的植物种质资源保护及其综合开发利用提供了依据。本书语言通俗易懂，图文并茂，是植物科研人员及农林工作者较好的参考书，也是广大植物爱好者认识和熟悉宁夏地区植物的工具书。

本书从标本的采集，照片的拍摄，到图鉴的编写经历数载，倾注了编者的大量心血，由于编者的学术水平有限和出版时间紧迫，难免疏漏，敬请广大读者和同行斧正。

编　者

目　录

裸子植物　Gymnosperms

被子植物　Angiosperms

石松类植物 Lycophytes

一 石松科 Lycopodiaceae

石松属 *Lycopodium* L.

东北石松 *Lycopodium clavatum* L.

匍匐茎蔓生。叶针形，先端具白色芒状长尾尖，易脱落，表面中脉明显，全缘。孢子枝从第二、第三年营养枝上长出，叶疏生，高出营养枝。孢子囊穗常2~6个着生于孢子枝的上部，穗具柄。孢子叶卵状三角形，先端急尖，具尖尾，边缘具不规则的锯齿，孢子囊肾形，孢子同形，球状四面体形，具密网纹及小突起。

产宁夏贺兰山南部，生于海拔1500m左右的低山阴坡灌丛或针叶林下。分布于东北三省及内蒙古。

（周繇 拍摄）

二 卷柏科 Selaginellaceae

卷柏属 *Selaginella* P. Beauv.

（1）红枝卷柏 *Selaginella sanguinolenta* (L.) Spring

植株丛生。茎多次二歧分枝。叶近同形，交互对生，长卵形，先端具短尖头，孢子囊穗单生于小枝顶端，四棱柱形；孢子叶宽卵形，基部近圆形，先端急尖；孢子囊圆形，小孢子囊通常位于孢子囊穗上部，大孢子囊位于下部；孢子2型。

产宁夏贺兰山，多生于海拔1400~2500m崖下岩石缝隙中。分布于东北、华北、西北及西南。

（2）中华卷柏 *Selaginella sinensis* **(Desv.) Spring**

植株细弱。主茎圆柱形，禾秆色，多回分枝。叶互生，茎下部叶卵状椭圆形，全缘，具缘毛，贴伏于茎上，疏散，上部叶 2 形，4 列，侧叶长圆形，先端具刺，基部楔形，中叶长卵形，边缘具疏细齿。孢子囊穗单生于小枝顶端，四棱柱形；孢子叶三角状卵形，边缘具微细锯齿，背部有龙骨状突起；大孢子囊少数，位于孢子囊穗下部，小孢子囊多数，位于孢子囊穗中上部。

产宁夏贺兰山和六盘山，多生于海拔 1400~2300m 向阳山坡石缝隙中。分布于东北、华东、华北及河南、陕西等。

蕨类植物　Ferns

三　木贼科　Equisetaceae

木贼属　*Equisetum* L.

（1）问荆 *Equisetum arvense* L.

多年生草本。根状茎黑褐色，具黑褐色小球茎。生殖枝春季由根状茎上生出，无叶绿素。叶鞘漏斗状，鞘齿广披针形，棕褐色。孢子囊穗长椭圆形，钝头，有柄，孢子成熟后生殖枝枯萎。不育枝在孢子茎枯萎后生出，分枝轮生，棱脊上有横的波状隆起，沟内具 2~4 行气孔带；叶退化，下部连合成漏斗状的鞘，鞘齿披针形或 2~3 齿连合成宽三角形，黑色，边缘膜质，灰白色。

宁夏全区普遍分布，多生于沟渠旁、田边或低洼湿地以及沟谷溪边。分布于东北、华北、西北及西南。

（2）木贼 *Equisetum hyemale* L.

多年生常绿草本。根状茎匍匐，粗壮，黑褐色。不育茎和生殖茎直立，较坚硬，不分枝或仅基部具分枝，中心孔大形，表面具 20~30 条棱脊，各棱脊具 2 行疣状突起，沟内各具 1 行气孔带。叶鞘圆筒形，紧抱于茎上，顶部及基部各有一黑褐色圈，中间灰绿色，鞘齿线状钻形，黑褐色，质厚，具 2 条棱脊，先端尖锐，易脱落。孢子囊穗长圆形，具小尖头，无柄。

产宁夏贺兰山和六盘山，生于沟渠旁、路边、砂石地或低洼湿地。分布于黑龙江、吉林、辽宁、内蒙古、北京、天津、河北、陕西、甘肃、新疆、河南、湖北、四川和重庆。

（3）犬问荆 *Equisetum palustre* L.

多年生草本。根状茎匍匐，细长，黑褐色。地上茎一年生，同形，不育茎和生殖茎软弱，分枝轮生，稀单一，中心孔小形，具5~12条棱脊，棱脊圆形，较狭窄，表面具横的波状隆起。叶鞘漏斗状，鞘齿宽短，三角形，黑褐色，具宽膜质的边缘，宿存。孢子囊穗长圆形，先端圆钝，具短柄。

宁夏全区普遍分布，多生于沟渠旁和低洼湿地。分布于黑龙江、吉林、辽宁、内蒙古、河北、山西、陕西、甘肃、青海、新疆、江西、河南、湖北、湖南、四川、重庆、贵州和云南、西藏。

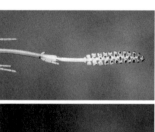

（4）节节草 *Equisetum ramosissimum* Desf.

多年生硬质草本。根状茎匍匐，粗壮，黑色。地上茎直立，同形，灰绿色，分枝轮生，每轮 2~5 小枝，中心孔大形，表面具纵棱脊 6~20 条，狭而粗糙，各具 1 行疣状突起，或有小横纹，沟内具 1~4 行气孔带。叶鞘筒形，疏松，长为径的 2 倍，鞘齿短三角形，灰褐色，近膜质，具易脱落的膜质尖尾。孢子囊穗紧密，长圆形，具小尖头，无柄。

宁夏全区普遍分布，生于沟渠旁、路边、砂石地或低洼湿地。全国各地均有分布。

四 苹科 Marsileaceae

苹属 *Marsilea* L.

苹 *Marsilea quadrifolia* L.

根状茎细长横走，分枝；叶片由 4 片倒三角形的小叶组成，呈十字形，外缘半圆形，基部楔形，全缘。孢子果双生或单生于短柄上，而柄着生于叶柄基部，长椭圆形，幼时被毛，褐色，木质，坚硬。每个孢子果内含多数孢子囊，大小孢子囊同生于孢子囊托上，一个大孢子囊内只有一个大孢子，而小孢子囊内有多数小孢子。

宁夏黄灌区部分区域分布，生于池塘、沼泽和稻田中。广布长江以南各地，北达华北和辽宁，西到新疆。

五　槐叶苹科　Salviniaceae

1. 满江红属　*Azolla* Lam.

满江红 *Azolla pinnata* R. Br. subsp. *asiatica* R. M. K. Saunders & K. Fowler

小型漂浮植物。植物体呈卵形或三角状，根状茎细长横走，侧枝腋生，假二歧分枝，向下生须根。叶小如芝麻，互生，无柄，覆瓦状排列成两行，叶片深裂分为背裂片和腹裂片两部分，背裂片长圆形或卵形，肉质，绿色，但在秋后常变为紫红色，边缘无色透明，上表面密被乳状瘤突，下表面中部略凹陷，基部肥厚形成共生腔；腹裂片贝壳状，无色透明，多少饰有淡紫红色，斜沉水中。孢子果双生于分枝处，大孢子果体积小，长卵形；小孢子果体积远较大，球圆形或桃形。

产宁夏引黄灌区，生于水田和静水沟塘中。广布于长江流域和南北各地。

2. 槐叶苹属　*Salvinia* Ség.

槐叶苹 *Salvinia natans* (L.)All.

水生小形漂浮植物。茎细长，横走，密被褐色节状短毛。叶3片轮生，上面2片漂浮水面，矩圆形或椭圆形，两端圆钝或基部微呈心形，全缘，无柄或具极短的柄；主脉明显，侧脉不明显，上面整齐的分布有束状短粗毛，下面被有褐色节状短毛，另一叶丝裂成假根，被细毛，悬垂在水中。孢子果4~8个簇生于假根基部。

宁夏黄灌区普遍分布，生于池塘、沼泽和稻田中。全国各地均有分布。

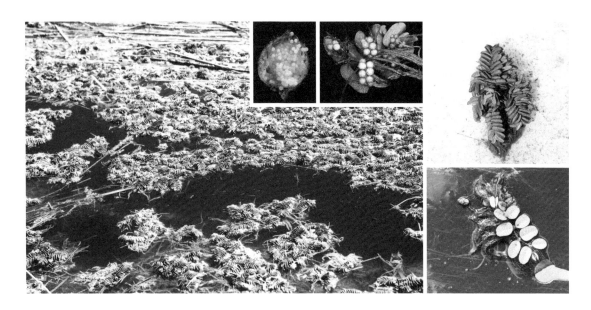

六 凤尾蕨科 Pteridaceae

1. 凤丫蕨属 *Coniogramme* Fée

普通凤丫蕨 *Coniogramme intermedia* Hieron.

根状茎长而横走，被鳞片，鳞片披针形，浅棕色。叶近生或远生；叶柄禾秆色，基部疏被鳞片，向上光滑；叶片卵状三角形2回羽状，羽片3~5对，近对生，具柄，下部1~2对卵状三角形，羽状或三出，以上各片单一，披针形，有柄，顶端1片较大，先端长渐尖或尾尖，基部圆形或圆楔形，边缘具细尖锯齿；叶脉羽状，侧脉2~3分叉，先端有线形水囊体，两面光滑或下面略被短毛。

产宁夏六盘山，生阴坡林下。分布于东北、华北及西北。

2. 铁线蕨属 *Adiantum* L.

（1）白背铁线蕨 *Adiantum davidii* Franch.

根状茎细长，横走，密被深棕色宽披针形的鳞片。叶远生，叶柄紫褐色，有光泽，基部被鳞片；叶片三角状卵形至卵形，3回羽状；羽片3~5对，2回羽状；1回小羽片长圆形，羽状；末回小羽片扇形，上缘不育处有宽三角状的密尖齿，两侧全缘，基部楔形，具细短柄；叶脉由末回小羽片基部向上二分叉，伸达齿端，下面灰白色。孢子囊群圆肾形，着生于小羽片上缘的缺刻内，每小羽片1枚；囊群盖褐棕色。

产宁夏六盘山，多生于林下或林缘潮湿的石隙中。分布于河北、河南、山西、陕西、甘肃、四川及云南等。

（2）肾盖铁线蕨 *Adiantum erythrochlamys* Diels

根状茎短粗，直立，密被黑褐色狭披针形鳞片。叶丛生，叶柄栗红色，有光泽；叶片狭卵状三角形，3回羽状；羽片5~9对，互生，具柄，2回羽状；1回小羽片3~5对，互生，羽状或三出；末回小羽片倒三角形，上缘具1~2个着生孢子囊群的深凹陷，基部楔形，具细柄。孢子囊群圆肾形，1~2个孢子囊群着生于小羽片上缘的凹陷下，孢子囊群盖褐色，全缘。

产宁夏六盘山，生于林下溪旁岩石上或石缝中。分布于湖北、贵州、甘肃、四川、西藏等。

（3）掌叶铁线蕨 *Adiantum pedatum* L.

根状茎粗短，直立，被棕褐色披针形的鳞片，全缘。叶丛生，柄栗色，有光泽，叶轴由叶柄顶端向两侧二叉分枝，每个侧枝上具 4~6 个羽片，中间的羽片较大，向两侧羽片较小，1 回羽状，小羽片多达 20 对，互生，斜三角形，上缘浅裂至深裂，圆头，两侧边平截；每两羽片之间的侧轴上有 1 扇形小羽片；叶脉由基部向上缘二叉分枝达叶边。孢子囊群长圆形，横生于叶边上缘，变质的叶缘反折成囊群盖，全缘。

产宁夏六盘山，生于林下。分布于黑龙江、吉林、辽宁、河北、河南、山西、陕西、甘肃、四川、云南和西藏。

3. 粉背蕨属　*Aleuritopteris* Fée

（1）银粉背蕨 *Aleuritopteris argentea* (S. G. Gmel.) Fée

多年生小草本。根状茎短，直立，被鳞片。叶簇生，叶片三角状五角形，3 回羽状分裂，羽片 3~5 对，基部一对最大，近三角形，2 回羽裂；叶脉羽状，侧脉通常二叉，不明显；叶片上面绿色，下面被淡黄色或乳白色粉末；叶柄栗红色，有光泽，基部被鳞片，无毛。孢子囊群着生于细脉顶端，连续，囊群盖为变质叶边反折而成，膜质。

产宁夏六盘山和贺兰山，多生于石灰质岩石缝隙中。分布于全国各地。

（2）陕西粉背蕨 *Aleuritopteris argentea* (S. G. Gmel.) Fée var. *obscura* (Christ) Ching

多年生小草本。根状茎短，直立，被鳞片。叶簇生，叶片五角形，长宽几相等，基部 3 回羽裂，中部 2 回羽裂，顶部 1 回羽裂；羽片 4~6 对，对生，基部一对最大，二回羽裂；1 回小羽片 4~5 对，基部下侧 1 片特长；裂片线状镰刀形；叶脉不显，无粉末，羽轴两侧有狭翅；叶柄栗黑色，基部疏生鳞片，向上光滑。孢子囊群成熟后为线形，沿裂片边缘分布，连续；囊群盖深棕色，膜质，全缘，不断裂。

生于宁夏中卫市香山，生于潮湿的岩石缝隙中。分布于河南、甘肃、贵州、河北、辽宁、青海、山东、山西、四川、云南和陕西等。

（3）阔盖粉背蕨 *Aleuritopteris grisea* (Blan.) Panigrahi

植株高 20~50cm。根状茎短而直立。叶簇生；柄长棕红色、有光泽，下部疏被卵状披针形、先端钻形的鳞片，上部光滑；叶片长圆状披针形，先端尾状渐尖，基部三回羽裂，中部为二回羽裂；羽片 10~15 对，对生或近对生，斜向上，彼此以无翅叶轴远分开；基部一对羽片斜三角形，渐尖头，有短柄，二回羽裂；小羽片 8~10 对，羽轴下侧的较上侧的为长，尤以下侧一片小羽片最长，长圆披针形，渐尖头，中部最宽，基部略窄，羽状深裂；裂片 12~14 对，镰刀形，圆钝头，边缘波状，羽轴上侧小羽片短，一般长仅 1cm，基部一片也不特别伸长，羽状浅裂，裂片三角形；第二对以上羽片同形，但渐次变短变狭成披针形。叶干后纸质，上面光滑，叶脉不显，下面具白色粉末。羽轴、小羽轴与叶轴同色，光滑。孢子囊群圆形，成熟后汇合成线形；囊群盖狭，膜质，棕色，断裂，边缘全缘。

产宁夏六盘山，生于山坡或云冷杉林下石缝中。分布于广西、贵州、河北、四川、西藏、云南。

七 碗蕨科 Dennstaedtiaceae

蕨属 *Pteridium* Gled. ex Scop.

蕨 *Pteridium aquilinum*(L.) Kuhn var. *latiusculum* (Desv.) Underw. ex A. Heller

多年生草本。根状茎粗壮，横走，黑色，密被锈黄色短毛，后脱落。叶疏生，叶柄淡禾秆色，基部密被锈黄色短毛，向上渐光滑；叶片卵形至卵状三角形，卵状三角形，第2回羽片互生，披针形，末回羽片互生，长圆形至短披针形，先端圆钝，全缘或基部羽片具圆钝裂片，上面无毛或边缘疏生柔毛，下面疏生柔毛。孢子囊群线形，沿叶边边脉着生，连续或间断，具两层囊群盖。

产宁夏六盘山、南华山、月亮山、固原叠叠沟、彭阳黄峁山和西吉白崖沙沟，生于向阳的温性草甸草原。分布于全国各地。

八　冷蕨科　Cystopteridaceae

1. 羽节蕨属　*Gymnocarpium* Newman

（1）羽节蕨 *Gymnocarpium jessoense* (Koidz.) Koidz.

根状茎细长，横走，黑褐色，幼时被鳞片，老时脱落。叶疏生，柄长 15~30cm，禾秆色，基部疏生鳞片；叶片三角状卵形，长宽几相等，3 回羽状深裂至 3 回羽状，羽片对生，斜上，下部的卵状三角形，上部的披针形，2 回羽状深裂至 2 回羽状；小羽片约 7 对，斜上，羽状深裂至羽状；羽轴与叶轴以关节相连，连接处密生腺体。孢子囊群小，圆形，着生于小脉上部，通常沿小羽轴两侧各有 1 行；无囊群盖。

产宁夏贺兰山及罗山，多生于林下阴湿处。分布于陕西、黑龙江、吉林、辽宁、内蒙古、青海、甘肃、河南、山西、四川、贵州、云南和西藏。

（2）东亚羽节蕨 *Gymnocarpium oyamense* (Baker) Ching

根状茎细长，横走，具宽披针形红棕色鳞片。叶远生；叶片草质，二回羽状浅裂，卵状三角形，无毛；羽片平展，彼此靠近，基部以宽翅相连，下部羽片，边缘浅裂，裂片斜上，圆钝头，边缘全缘或呈浅锯齿状，侧脉 4~5 对，单一，直达边缘；叶柄顶端以关节和叶轴相连。孢子囊群长圆形，生于侧脉中部，无盖。

产宁夏六盘山西峡林下阴湿处。分布于陕西、甘肃、浙江、江西、安徽、河南、湖北、四川、贵州、云南和西藏。

2. 冷蕨属 *Cystopteris* Bernh.

（1）冷蕨 *Cystopteris fragilis* (L.) Bernh.

陆生小型植物。根状茎短，横走，被鳞片，鳞片宽披针形，棕色。叶近生或簇生，叶柄禾秆色或红棕色，叶片披针形至长圆状披针形，2 回羽状；羽片长圆状披针形，基部一对缩短，第二对最大，向上渐狭，羽状；小羽片长圆形，基部一对最大，边缘浅裂。叶脉羽状，不明显。孢子囊群圆形，着生于叶脉中部。囊群盖卵圆形，膜质。

产宁夏贺兰山和六盘山，多生于海拔 2200~2900m 云杉林下潮湿的石隙中。分布于东北、华北及西北。

（2）**高山冷蕨** *Cystopteris montana* (Lam.) Bernh. ex Desv.

陆生小型植物。根状茎细长横走，黑褐色，疏被鳞片，鳞片棕色，卵形。叶近生或远生，叶柄禾秆色，下部疏被鳞片；叶片三角状卵形至三角形，4回羽裂；羽片有短柄，基部一对最大，3回羽裂；小羽片互生，基部下侧1片最大，向上渐小。叶脉羽状，侧脉单一或二叉，伸达齿端。孢子囊群圆形，生于叶脉上，囊群盖灰黄色，膜质。

产宁夏六盘山和贺兰山，生于林下阴湿处，分布于内蒙古、河北、山西、陕西、甘肃、青海、新疆、台湾、河南、四川、云南和西藏。

九　铁角蕨科　Aspleniaceae

铁角蕨属 *Asplenium* L.

（1）西北铁角蕨 *Asplenium nesii* Christ

根状茎短而直立，先端密被鳞片。叶多数密集簇生；叶片披针形，两端渐狭，二回羽状；羽片7~9对，互生或基部的对生，近平展，有极短柄，下部的略缩短，彼此远离，椭圆形，急尖头并为羽裂，基部不对称，上侧截形并与叶轴平行，下侧楔形，一回羽状；小羽片3~5对，互生，上先出，斜展，彼此密接，基部一对略大，尤以上侧一片较大舌形，圆头，基部楔形，与羽轴合生并下延，边缘有钝齿牙，其余小羽片略小。叶脉两面均不明显；叶轴禾秆色，上面有纵沟，略被黑褐色纤维状小鳞片。孢子囊群椭圆形。

产宁夏贺兰山，多生于海拔2000~2500m潮湿的岩石缝隙中。分布于内蒙古、山西、陕西、甘肃、青海、新疆、云南、四川和西藏。

（2）北京铁角蕨 *Asplenium pekinense* Hance

根状茎短，直立，顶部密生披针形鳞片。叶簇生，2 回或 3 回羽状，羽轴和叶轴两侧均有狭翅，厚草质，无毛；基部羽片略缩短，中部羽片三角状矩圆形；末回羽片顶端有 2~3 个牙齿，每齿有 1 条脉；叶柄淡绿色，下部疏生纤维状小鳞片。孢子囊群每裂片 1 个，成熟时常布满叶背面；囊群盖矩圆形，全缘。

产宁夏六盘山和贺兰山，生于山坡岩石上。分布于内蒙古、河北、山西、陕西、甘肃、山东、江苏、浙江、福建、台湾、河南、湖北、湖南、广东、广西、四川、贵州和云南。

（3）卵叶铁角蕨 *Asplenium ruta-muraria* L.

根状茎横走，先端斜上并密被鳞片；鳞片线形，薄膜质，黑褐色。叶密集簇生；叶柄禾秆色；叶片卵形，上部为奇数一回羽状，下部为二回羽状；羽片 3~4 对，侧生小羽片 2~3 片，卵形或近斜方形，边缘有不整齐的尖齿牙；第二对羽片与基部一对同形而较小。叶脉扇状二叉分枝，达于叶边。叶软革质，干后灰绿色；叶轴及羽轴与叶片同色。孢子囊群线形，深棕色；囊群盖线形，灰白色，薄膜质，全缘。

产宁夏六盘山胭脂峡和南华山，多生于山谷岩缝中。分布于新疆、甘肃、贵州、湖南、辽宁、内蒙古、山西、云南、陕西、甘肃和四川。

十 蹄盖蕨科 Athyriaceae

1. 对囊蕨属 *Deparia* Hook. & Grev.

（1）陕西对囊蕨 *Deparia giraldii* (Christ) X. C. Zhang

根状茎短粗，斜升。叶簇生，叶柄禾秆色，基部被鳞片；叶片长圆状披针形 2 回羽裂，下部羽片对生，上部羽片互生，披针形，中部羽片最大，向上向下渐缩短，先端渐尖，基部截形，羽状深裂，裂片长方形或长圆形，基部一对较大，钝头，全缘或先端具细小齿。叶脉羽状，单一；裂片上表面及叶轴和羽轴上疏生透明节状软毛。孢子囊群长圆形或新月形，着生于侧脉上。

产宁夏六盘山，多生于山谷林下。分布于山西、陕西、甘肃、河南、湖北和四川等。

（2）东北对囊蕨 *Deparia pycnosora* (Christ) **M. Kato**

根状茎粗而斜升。叶簇生，叶片阔披针形至长圆状披针形，渐尖头，一回羽状，羽片深羽裂；羽片 18~25 对，下部少数几对向下逐渐缩短，中部羽片狭披针形，先端渐尖，基部近截形，下部的近对生，向上互生，平展，羽裂几达羽轴；裂片 (7~)12~15 (~19) 对，搓近，长圆形，先端圆或钝尖而有浅圆齿，两侧全缘或多少有浅圆齿。叶脉两面可见，在裂片上为羽状，每裂片有侧脉 5 对左右，小脉单一。叶干后草质，绿色，沿叶轴、羽轴及主、侧脉略被有节状短毛。孢子囊群长新月形至线形。

产宁夏六盘山，生于针阔叶混交林下阴湿处。分布于黑龙江、吉林、辽宁、北京、河北和山东。

（周繇 拍摄）

2. 双盖蕨属 *Diplazium* Sw.

黑鳞双盖蕨 *Diplazium sibiricum* (Turcz. ex Kunze) Kurata

根状茎横走。叶疏生，二列，纸质，卵状三角形，三回羽状；羽片 10 对，互生，宽披针形，有柄，二回羽状；一回小羽片 10~13 对，披针形，末回小羽片长圆形，基部与小羽轴合生；叶脉在末回小羽片上为羽状，侧脉 3~5 对；羽轴和叶背面被灰白色柔毛；叶柄基部被宽披针形黑色鳞片，向上渐少，孢子囊群长圆形，末回小羽片具 2~3 对，囊群盖宿存。

产宁夏六盘山，生于海拔 2700m 针阔混交林或阔叶林林下。分布于甘肃、河北、黑龙江、河南、吉林、辽宁、内蒙古、陕西、四川和云南。

3. 蹄盖蕨属 *Athyrium* Roth

（1）麦秆蹄盖蕨 *Athyrium fallaciosum* Milde

根状茎短，直立或斜升。叶簇生，叶柄基部被鳞片；叶片椭圆状披针形，先端渐尖，基部渐狭，2 回羽状深裂；羽片互生或基部羽片对生，先端急尖，基部截形，羽状深裂，裂片长圆形，先端圆钝，边缘具细锯齿；叶脉羽状，二叉，伸达锯齿顶端。孢子囊群近圆形或钩形，着生于小脉上，每裂片具 2~3 对；囊群盖大，同形，密接或覆瓦状。

产宁夏六盘山，多生于山谷林下或阴湿岩石缝中。分布于黑龙江、吉林、辽宁、内蒙古、北京、河北、山西、陕西、甘肃、河南、湖北和四川。

（2）**中华蹄盖蕨** *Athyrium sinense* **Rupr.**

根状茎短，直立或斜升。叶簇生，叶柄禾秆色，基部被鳞片；叶片长圆状披针形，先端渐尖，基部渐狭，2回羽状；羽片互生，狭披针形，羽状，小羽片对生，狭长圆形，先端钝，边缘具锯齿状小裂片；叶脉在小裂片上2~3叉，伸达齿端；叶轴及羽轴上疏生腺毛。孢子囊群长圆形，着生于小脉1侧，每小裂片上一个；囊群盖棕色，膜质。

产宁夏六盘山，多生于山谷林下。分布于内蒙古、北京、河北、山西、陕西、甘肃、山东和河南。

十一　鳞毛蕨科　Dryopteridaceae

1. 耳蕨属　*Polystichum* Roth

（1）**华北耳蕨** *Polystichum craspedosorum* **(Maxim.)Diels**

根状茎短，直立，被鳞片；鳞片披针形，棕色，先端长尾尖，全缘。叶簇生，叶柄禾秆色，基部以上达叶轴顶部全被狭披针形的鳞片；叶片线状披针形，先端渐尖，常延伸成鞭状，着地生根，产生新植株，向基略变狭，1回羽状；羽片互生，镰刀形；叶脉羽状。孢子囊群圆形，着生于小脉顶端，近羽片上边缘排列；囊群盖大，圆盾形，盾状着生。

产宁夏六盘山，多生于林下潮湿的石灰岩上。分布于黑龙江、吉林、辽宁、河北、山西、陕西、甘肃、山东、浙江、河南、湖北、湖南、四川、贵州。

（2）中华耳蕨 *Polystichum sinense* Christ

根状茎短，直立，密被鳞片；鳞片狭披针形，先端长尾尖，边缘具齿牙，深棕色。叶簇生，叶柄禾秆色，密被宽披针形的鳞片；叶片狭倒披针形，2回羽状；小羽片5~7对，互生，长圆形，边缘具微齿，基部下侧延成羽轴狭翅；两面被鳞片，叶轴和羽轴下面密生纤维状和狭披针形鳞片。孢子囊群成熟后布满叶背；囊群盖膜质。

产宁夏六盘山、贺兰山及香山，多生于林下或灌丛下岩石上。分布于陕西、甘肃、青海、新疆、四川、云南和西藏。

2. 鳞毛蕨属 *Dryopteris* Adans.

（1）粗茎鳞毛蕨 *Dryopteris crassirhizoma* Nakai

根状茎粗大成块状，被鳞片，披针形或线形，棕色。叶簇生，叶柄密被线形和披针形鳞片；叶片倒披针形，2回羽状深裂；羽片线状披针形，无柄，上下两面均被纤维状鳞片，羽状深裂；裂片密接，长方形或长圆形，圆钝头，近全缘或顶端具浅缺刻；叶轴及羽轴具线形鳞片；叶脉羽状分叉。孢子囊群仅分布于中部以上的羽片上，着生于小脉中部以下，每裂片2~4对；囊群盖圆肾形，棕色。

产宁夏六盘山，多生于林下阴湿处。分布于东北和华北。

（2）**华北鳞毛蕨** *Dryopteris goeringiana* (Kunze) Koidz.

根状茎粗长，横走，被鳞片；鳞片狭披针形，棕褐色。叶簇生，叶柄禾秆色，基部被鳞片，上部光滑；叶片卵形，3回羽状深裂，羽片宽披针形，先端渐尖，基部渐狭，2回羽状深裂；小羽片披针形，互生或基部常对生，先端钝尖，基部为不对称的宽楔形，羽状深裂；裂片长圆形或斜长方形，先端具锐锯齿，两侧全缘；叶脉羽状。孢子囊群着生于裂片基部上侧小脉的中部；囊群盖圆肾形，边缘具齿。

产宁夏六盘山，多生于山谷林下。分布于东北、华北、西北及河南、四川等。

十二　水龙骨科 Polypodiaceae

1. 槲蕨属 *Drynaria* (Bory) J. Sm.

秦岭槲蕨 *Drynaria baronii* (Christ) Diels

根状茎粗壮，肉质，横走。叶二型，不育叶小形，无柄，叶片椭圆形，枯棕色，羽状深裂，裂片披针形，先端急尖；能育叶具柄，叶柄基部被鳞片，向上沿两侧有狭翅；叶片长椭圆形，羽状深裂几达叶轴；裂片互生，椭圆状披针形，先端钝圆，边缘具细锯齿，两面沿主脉被短毛；叶脉网状。孢子囊群圆形，着生于主脉两侧，各成1行。

产宁夏贺兰山和六盘山，生于山谷石隙中或河谷石崖上。分布于河南、陕西、甘肃、青海、四川、广西、云南、西藏等。

2. 石韦属 *Pyrrosia* Mirbel

华北石韦 *Pyrrosia davidii* (Baker) Ching.

根状茎细长，横走。叶近生，叶柄基部被鳞片，上部被星状毛；叶片狭披针形，先端长渐尖，基部渐狭，下延，全缘或微波状，叶脉不明显；上面光滑，下面密被棕色星状毛。孢子囊群圆形或长圆形，布满叶背，密接。

产宁夏六盘山，多生于山坡石缝中。分布于甘肃、贵州、河北、河南、湖北、湖南、辽宁、内蒙古、陕西、山东、山西、四川、台湾、西藏和云南。

3. 瓦韦属 *Lepisorus* (J. Sm.) Ching

（1）网眼瓦韦 *Lepisorus clathratus* (C. B. Clarke) Ching

根状茎细长，横走。叶簇生或近生，叶柄纤细，禾秆色，基部被鳞片，上部光滑；叶片狭披针形，先端钝或长渐尖，基部下延，全缘或微波状，主脉明显，侧脉成网状；上面光滑，下面疏生鳞片。孢子囊群圆形，着生于主脉与叶边缘的中间，每侧各 1 行。

产宁夏六盘山，多生于林下岩石上或崖下潮湿的石缝中。分布于华北、西北及河南、四川、云南等。

（2）粗柄瓦韦 *Lepisorus crassipes* Ching et Y. X. Lin

根状茎横走。叶近生，叶柄禾秆色，基部被鳞片，向上光滑；叶片宽条状披针形，向顶端通常不变狭，圆头，基部渐狭、下延；叶脉网状，内藏小脉单一或分叉，不明显。孢子囊群圆形，生于主脉和叶片边缘之间，幼时有黑色盾状隔丝覆盖。

产宁夏贺兰山，生于海拔 1800~2400m 山谷阴坡石缝中。分布于甘肃、湖北、河北、青海、山西和四川等。

（3）有边瓦韦 *Lepisorus marginatus* Ching

根状茎横走。叶近生或远生，叶片披针形，软革质，先端渐尖，基部沿叶柄两侧下延成狭翅，多少呈波状，具软骨质狭边，干后常反卷，背面疏被贴伏的卵形褐色小鳞片；主脉两面隆起，侧脉不明显；叶柄禾秆色，光滑。孢子囊群小，圆形，位于主脉与边脉中间或稍靠近主脉。

产宁夏贺兰山，生于海拔 2500m 左右山谷岩缝中。分布于河南、山西、陕西、甘肃、四川和湖北等。

裸子植物　Gymnosperms

十三　银杏科　Ginkgoaceae

银杏属　*Ginkgo* L.

银杏（白果树）*Ginkgo biloba* L.

乔木，树干通直。叶扇形，先端有深或浅的波状缺刻，有时中部缺刻较深，成 2 裂状，基部楔形，无毛；叶脉 2 分叉；叶柄长。雌雄异株。种子核果状，成熟时黄色或橙黄色，被白粉。花期 3~4 月，种子成熟 9~10 月。

银川市有栽培。仅浙江天目山有野生状态的树木，各地有栽培。

十四　松科　Pinaceae

1. 落叶松属　*Larix* Mill.

华北落叶松 *Larix gmelinii* (Rupr.) Kuzen. *var. principis-rupprechtii* (Mayr) Pilg.

落叶乔木。树皮暗灰褐色，裂成小块片状脱落。叶倒披针状线形，上面平，下面中脉隆起，每边有 2~4 条气孔线。球果卵圆形，成熟时淡褐色，有光泽；种鳞近五角状卵形，边缘具不规则的细齿；苞鳞暗紫色，近带状矩圆形基部宽，中上部稍窄，先端圆截形，中肋延长成尖头。种子斜倒卵状椭圆形，连翅。花期 5 月，球果 10 月成熟。

宁夏六盘山、南华山及固原市有栽培。我国特产，分布于河北和山西等。

2. 云杉属 *Picea* A. Dietr.

青海云杉 *Picea crassifolia* Kom.

常绿乔木。树皮灰褐色，成块状脱落。叶在枝上螺旋状着生，枝下面和两侧的叶子向上伸展，四棱状条形，先端钝，四面有粉白色气孔线。球果圆柱形，单生枝端，幼时紫红色，成熟前种鳞背部绿色，上部边缘仍为紫红色，成熟后褐色；种鳞倒卵形，先端圆；苞鳞短小；种子斜倒卵圆形；种翅倒卵状。花期 5 月，球果 9~10 月成熟。

产宁夏贺兰山和罗山，生于海拔 2400~3000m 的阴坡及半阴坡。为我国特有树种，分布于内蒙古、甘肃及青海等。

3. 松属 *Pinus* L.

（1）华山松 *Pinus armandii* Franch.

常绿乔木。幼树树皮灰绿色。针叶通常 5 针一束，边缘具细锯齿，仅腹面两侧各有 4~8 条气孔线，横切面三角形，树脂道 3 个，中生；叶鞘早落。雄球花卵状圆柱形。球果圆锥状长卵圆形，成熟时褐黄色，种鳞张开；种鳞近斜方状倒卵形，鳞盾近斜方形，鳞脐不显著，无纵脊。种子倒卵圆形。花期 5 月，球果第二年 9~10 月成熟。

产宁夏六盘山，多生于石质山崖上。分布于山西、河南、陕西、甘肃、四川、湖北、贵州、云南及西藏等。

（2）白皮松 *Pinus bungeana* Zucc. ex Endl.

乔木。树皮呈淡褐灰色或灰白色，裂成不规则的鳞状块片脱落，脱落后近光滑，露出粉白色的内皮，白褐相间成斑鳞状。针叶 3 针一束，粗硬。雄球花卵圆形，多数聚生于新枝基部成穗状。球果单生，卵圆形；种鳞矩圆状宽楔形，顶端有刺，刺之尖头向下反曲；种子灰褐色，近倒卵圆形。花期 4~5 月，球果第二年 10~11 月成熟。

宁夏银川市公园有栽培。为我国特有树种，分布于山西、河南、陕西、甘肃、四川和湖北等。

（3）樟子松 *Pinus sylvestris* L. var. *mongolica* Litv.

常绿乔木。针叶 2 针一束，刚硬扭曲，边缘有细锯齿，两面均有气孔线；叶鞘宿存。雄球花圆柱状卵圆形。球果卵圆形，种鳞的鳞盾长菱形，肥厚隆起，向后反曲，纵脊及横脊显著，鳞脐小，瘤状突起，有短刺尖，易脱落。种子长扁卵形，上部具翅。花期 5~6 月，球果第二年 9~10 月成熟。

宁夏各个市区常见绿化树种。分布于黑龙江及内蒙古东部的大兴安岭山区。

（4）油松 *Pinus tabuliformis* Carrière

常绿乔木。树皮灰褐色，裂成较厚的不规则鳞片状。针叶 2 针一束，边缘有细锯齿，两面具气孔线；叶鞘宿存。雄球花圆柱形，在新枝下部聚生成穗状。球果卵形，成熟时淡黄褐色；种鳞近矩圆状倒卵形，鳞盾肥厚，隆起，扁菱形，鳞脐具刺。种子卵圆形，具披针形翅。花期 5 月，球果第二年 10 月成熟。

产宁夏贺兰山、罗山和固原须弥山，生于海拔 1900~2400m 的山地阴坡和半阴坡。分布于吉林、辽宁、河北、河南、山东、山西、内蒙古、陕西、甘肃、青海及四川等。

十五　柏科　Cupressaceae

1. 侧柏属　*Platycladus* Spach

侧柏 *Platycladus orientalis* (L.) Franco

常绿乔木。树皮浅灰褐色，条状纵裂。小枝细，向上直伸或斜展，扁平，排成一个平面。叶鳞形，位于小枝上下两面的叶的露出部分倒卵状菱形，背面中间有条状腺槽。雄球花卵圆形；雌球花近球形，蓝绿色，被白粉。球果近卵圆形，成熟前近肉质，蓝绿色，被白粉，成熟后木质，红褐色，开裂；种鳞倒卵形或椭圆形，鳞背近顶端有一外曲的尖头。种子卵圆形。花期 4 月，球果 10 月成熟。

宁夏多见栽培，多作庭院栽培树种或绿篱。除黑龙江、新疆、青海等省（自治区）外，几乎遍布全国各地。

2. 刺柏属　*Juniperus* L.

（1）圆柏 *Juniperus chinensis* L.

常绿乔木。树冠塔形。树皮深灰褐色，纵向条裂。叶 2 型，具刺叶和鳞叶；幼树全为刺叶，3 叶交互轮生，斜展，疏松，披针形，表面微凹，具 2 条白色气孔线；老龄树全为鳞叶，鳞叶 3 个轮生，排列紧密，菱状卵形，背面近中部具椭圆形；壮龄树兼有刺叶和鳞叶。雌雄异株；雄球花椭圆形，雄蕊 5~7 对，常有 3~4 个花药。球果近圆球形，两年成熟，熟时暗褐色，被白粉，常具 2~3 粒种子。种子卵圆形，扁，有棱脊及少数树脂槽。

宁夏有栽培，作庭园美化树种。除东北及新疆、青海外，广泛分布。

（2）刺柏 *Juniperus formosana* Hayata

乔木。叶为刺叶，3叶轮生，线状披针形，先端锐尖，基部具关节，绿色，两侧各有1条白色气孔线，至叶端汇合，背面绿色，有光泽，具纵钝脊。雄球花圆球形。球果近球形，两年成熟，成熟时淡红褐色，常被白粉，顶端有3条辐射状的皱纹及3个钝头。种子通常3粒，半月圆形，具3~4个棱脊，顶端尖，近基部有3~4个树脂槽。

产宁夏六盘山，生于海拔2200m左右的山坡或林中。为我国特有种，分布于江苏、浙江、福建、台湾、安徽、江西、湖南、湖北、陕西、甘肃、青海、四川、贵州、云南、西藏。

（3）杜松 *Juniperus rigida* Siebold et Zucc.

常绿灌木或乔木。叶为刺叶，3 叶轮生，条形，先端锐尖，基部有关节，不下延生长，质厚，坚硬，表面凹下成深槽，槽内有 1 条窄白粉带，背面具明显的纵脊。雄球花椭圆形。球果圆球形，成熟前紫褐色，成熟时淡褐色或蓝黑色，常被白粉。种子近卵形，有 4 条不明显的棱脊。

产宁夏贺兰山和罗山，生于海拔 2000~2200m 的干旱山坡。分布于黑龙江、吉林、辽宁、内蒙古、河北、山西、陕西和甘肃。

（4）叉子圆柏 *Juniperus sabina* L.

匍匐灌木。枝皮灰褐色，呈薄片状剥落。枝稠密，一年生小枝的分枝均为圆柱形。叶二型。球花单性，雌雄异株；雄球花椭圆形，各具 2~4 个花药。球果多为倒三角状球形，生于向下弯曲的小枝顶端，成熟时褐色至黑色。种子卵圆形，具纵脊与树脂槽。

产宁夏贺兰山、罗山和香山，多生于山坡、林下或砂石地。分布于新疆、内蒙古、青海、甘肃和陕西。

十六　麻黄科　Ephedraceae

麻黄属　*Ephedra* Tourn. et L.

（1）双穗麻黄 *Ephedra distachya* L.

小灌木或半灌木，长 25~40cm；小枝灰绿色或很少黄绿色，先端通常弯曲或扭曲。 叶退化成膜质鞘状，基部 1/3~1/2 合生，裂片 2，三角形，先端钝或近尖。雄球花单生或数个集生，有短柄，苞片 3~4 对，互生，卵圆形，基部合生，雄花有 1 个雄蕊，花丝合生成柱状，花药 8 枚（有时 4 枚），黄色，伸出苞外；雌球花有短柄，苞片 3~4 对，卵圆形，具较宽的膜质边，顶上的 1 对苞片具窄边，内着 2 朵花，珠被管直立，短小。浆果球形，苞片肉质，成熟后红色。种子 2 粒，卵形，基部圆，先端钝，背面凸出，腹面稍凹，黑褐色。花期 5~6 月，果期 8~9 月。

产宁夏中卫香山，生于多生于山坡石缝中。分布于内蒙古和新疆。

（2）木贼麻黄 *Ephedra equisetina* Bunge

直立灌木。叶 2 裂，大部合生，仅上部约 1/4 分离，裂片短三角形。雄球花单生或 3~4 个集生于节上，卵圆形，苞片 3~4 对，基部约 1/3 合生，假花被近圆形，雄蕊 6~8，花丝全部合生，微外露；雌球花常 2 个对生节上，狭卵圆形，苞片 3 对，最上 1 对苞片约 2/3 合生，雌花 1~2，珠被管稍弯曲。雌球花成熟时肉质红色，具短梗。种子 1 粒，具明显的点状种脐与种阜。

产宁夏贺兰山及中卫、盐池等市（县），生于干旱山坡。分布于河北、山西、内蒙古、陕西、甘肃和新疆。

（3）中麻黄 *Ephedra intermedia* **Schrenk ex C. A. Mey.**

灌木。茎直立，粗壮，基部多分枝。叶3裂，常混生有2裂，下部2/3合生成鞘状。雄球花无梗，数个密集于节上成团状，雄蕊5~8个，花丝全部合生；雌球花2~3个成簇，仅基部合生，边缘窄膜质，最上一轮苞片有2~3个雌花，雌花的珠被管长达3mm，旋状弯曲。雌球花成熟时肉质红色，种子不外露。

产宁夏贺兰山、罗山、盐池、牛首山及香山等地，生于干旱山坡、荒漠、沙滩。分布于辽宁、河北、山东、内蒙古、山西、陕西、甘肃、青海及新疆等。

（4）单子麻黄 *Ephedra monosperma* J.G.Gmel. ex C.A.Mey.

草本状矮小灌木。木质茎短小，多分枝，弯曲并有节结状突起；绿色小枝常微弯曲，节间细短。叶 2 片对生，膜质鞘状。雄球花生于小枝上下各部，多成复穗状，苞片 3~4 对，两侧膜质边缘较宽，假花被较苞片长，倒卵圆形，雄蕊 7~8，花丝完全合生；雌球花单生或对生节上，苞片 3 对，雌花通常 1，胚珠的珠被管较长而弯曲。雌球花成熟时肉质红色，卵圆形，最上一对苞片约 1/2 分裂；种子外露，1 粒，三角状卵圆形。

产宁夏隆德和彭阳县，多生于山坡石缝中。分布于黑龙江、河北、山西、内蒙古、新疆、青海、甘肃、四川和西藏。

（5）膜果麻黄 *Ephedra przewalskii* Stapf

灌木。木质茎明显，小枝节间粗长。叶常 3 裂，混生有少数 2 裂，膜质，裂片三角形。球花无梗，复穗状花序；雄球花淡褐色，近圆球形，膜质，中央有绿色草质肋，仅基部合生，假花被宽扁呈蚌壳状，雄蕊 7~8 个，花丝大部合生；雌球花近圆球形，淡绿褐色，干燥膜质，最上 1 轮苞片各生 1 雌花，珠被管伸出苞片之外；雌球花成熟时苞片增大成半透明薄膜状，淡棕色；种子 3 粒。

产宁夏贺兰山及盐池、中卫、石嘴山等市（县），生于干旱山坡、沙地及砂石盐碱地上。分布于内蒙古、甘肃、青海及新疆等。

（6）斑子麻黄 *Ephedra rhytidosperma* Pachom.

垫状小灌木。叶极小，膜质鞘状，中部以下合生，上部 2 裂，裂片宽三角形。雄球花在节上对生，假花被倒卵圆形；雌球花单生，具 2 对苞片，雌花 2，假花被粗糙，具横列碎片状细密突起，珠被管先端斜直。种子 2 粒，1/3 露出苞片，黄棕色，背部中央及两侧边缘有明显突起的纵肋，肋间及腹面有横列碎片状细密突起。

产宁夏贺兰山、牛首山和中卫香山地区，生于干旱山坡及山前滩地。分布于甘肃和内蒙古。

（7）草麻黄 *Ephedra sinica* Stapf

草本状灌木。木质茎极短或成匍匐状；小枝直伸或微曲，绿色。叶膜质鞘状，上部 2 裂，下部 1/3~2/3 合生，裂片锐三角形，先端急尖。雄球花成复穗状，常具总梗，苞片 4 对，雄花具雄蕊 7~8，花丝合生，有时先端微分离；雌球花单生，在幼枝上顶生，在老枝上腋生，卵圆形，具 4 对苞片，雌花 2，珠被管直立。雌球花成熟时肉质红色，种子 2 粒，不露出苞片，表面具细皱纹。

产宁夏贺兰山、盐池和灵武等市（县），生于山坡、荒地及沙地。分布于辽宁、吉林、内蒙古、河北、山西、河南及陕西等。

被子植物　Angiosperms

睡莲属　*Nymphaea* L.

白睡莲 *Nymphaea alba* L.

多年水生草本。根状茎匍匐；叶纸质，近圆形，基部具深弯缺，裂片尖锐，近平行或开展，全缘或波状。花直径 10~20cm，芳香；萼片披针形，脱落或花期后腐烂；花瓣 20~25 枚，白色或红色，卵状矩圆形，外轮比萼片稍长；花托圆柱形；柱头具 14~20 辐射线，扁平。浆果扁平至半球形；种子椭圆形。花期 6~8 月，果期 8~10 月。

宁夏部分湿地公园有栽植。分布于河北、山东、陕西、浙江。

五味子属　*Schisandra* Michx.

（1）北五味子 *Schisandra chinensis* (Turcz.) Baill.

木质藤本。小枝褐色，微具棱。叶宽椭圆形，先端尖，基部楔形，边缘具细齿，上面无毛，下面具白粉；叶柄无毛。花单性，雌雄异株，乳白色，有芳香；花被片 6~9，两轮，长椭圆形，基部有短爪；雄花有雄蕊 5 个，花丝肉质，合生成短柱状；心皮多数，离生，螺旋状排列在花托上，子房倒梨形，无花柱。浆果球形，内含种子 1~2 粒，成熟时深红色，排列为下垂的长穗状。花期 6~7 月，果期 8~9 月。

产宁夏六盘山，生于海拔 1200~1700m 林下或阴湿的灌丛。分布于黑龙江、吉林、辽宁、内蒙古、河北、山西、甘肃和山东。

（2）华中五味子 *Schisandra sphenanthera* Rehder et E. H. Wilson

落叶木质藤本。叶纸质，倒卵形、宽倒卵形，或倒卵状长椭圆形。花生于近基部叶腋，花梗纤细；花被片 5~9，橙黄色或红色，近相似，椭圆形或长圆状倒卵形。雄花：雄蕊群倒卵圆形；雌花：雌蕊群卵球形，雌蕊 30~60 枚，子房近镰刀状椭圆形。聚合果，成熟小浆红色；种子长圆体形或肾形。花期 4~7 月，果期 7~9 月。

产宁夏六盘山，生于林下或灌丛中。分布于安徽、甘肃、贵州、河南、湖北、湖南、江苏、陕西、山西、四川、云南、浙江。

十九　马兜铃科　**Aristolochiaceae**

细辛属　*Asarum* L.

单叶细辛（毛细辛）*Asarum himalaicum* Hook. f. et Thomson ex Klotzsch

多年生无茎小草本。根状茎横走，根状茎节上生多数须根。叶单生，心形或肾形，全缘，边缘具缘毛。花钟形，深紫红色，花被 3 裂，裂片反折先端钝；雄蕊 12 个；柱头 6 裂。花期 5 月。

产宁夏六盘山，生于林下腐殖土深厚处。分布于湖北、陕西、甘肃、四川、贵州、云南和西藏。

二十　木兰科　Magnoliaceae

玉兰属　*Yulania* Spach

（1）玉兰 *Yulania denudata* (Desr.) D. L. Fu

落叶乔木。树皮深灰色，粗糙开裂；叶纸质，倒卵形；叶柄被柔毛，上面具狭纵沟；托叶痕为叶柄长的 1/4~1/3。花蕾卵圆形，花先叶开放，直立，芳香；花梗显著膨大，密被淡黄色长绢毛；花被片 9 片，白色，长圆状倒卵形；雌蕊群淡绿色，无毛，圆柱形。聚合果圆柱形；种子心形，侧扁，外种皮红色，内种皮黑色。花期 2~3 月（亦常于 7~9 月再开一次花），果期 8~9 月。

宁夏部分区域有栽培。分布于于江西、浙江、湖南、贵州。

（2）二乔玉兰 *Yulania×soulangeana* (Soulange-Bodin) D. L. Fu

小乔木，高 6~10m。叶纸质，倒卵形。花蕾卵圆形，花先叶开放，浅红色至深红色，花被片 6~9，外轮 3 片花被片常较短约为内轮长的 2/3。蓇葖卵圆形或倒卵圆形；种子深褐色，宽倒卵圆形或倒卵圆形，侧扁。花期 2~3 月，果期 9~10 月。

宁夏部分区域有栽培。全国大部分省份均有栽培。

二十一　樟科　Lauraceae

木姜子属　*Litsea* Lam.

木姜子 *Litsea pungens* Hemsl.

落叶灌木。树皮平滑，具黑斑，枝条黄褐色，具黑色疣点。单叶，互生或在短枝上簇生，倒卵形、倒卵状椭圆形，先端渐尖，基部楔形，全缘，表面绿色，无毛，背面淡绿色，脉腋具簇毛；叶柄无毛。伞形花序，具 3~6 朵花；花梗疏被白色长柔毛；花被片 6，黄色，椭圆形，能育雄蕊 9 个。果实球形或椭圆形，黑色。

产宁夏六盘山，多生于山地灌丛或林缘。分布于湖北、湖南、广东、广西、四川、贵州、云南、西藏、甘肃、陕西、河南、山西、浙江。

二十二　金粟兰科　Chloranthaceae

金粟兰属　*Chloranthus* Swartz

银线草 *Chloranthus japonicus* Sieb.

多年生草本。茎直立。叶 4 枚，轮生茎顶，宽倒卵形或宽椭圆形，先端急尖，基部宽楔形，边缘具锐锯齿，齿尖有腺体。穗状花序单一，顶生，连总花梗；苞片肾形或近三角形；花两性，无花被；雄蕊 3 枚，花丝基部合生，着生于子房外侧，药隔伸出，成线形，白色，中间的 1 个雄蕊无花药，两侧的两个雄蕊各有一个 1 室的花药；子房卵形，柱头截平。核果倒卵形。花期 5~6 月，果期 8 月。

产宁夏六盘山，多生于山坡或山谷杂木林下荫湿处或沟边草丛中。分布于辽宁、吉林、河北、山西、陕西、甘肃和山东。

二十三 菖蒲科 Acoraceae

菖蒲属 *Acorus* L.

菖蒲 *Acorus calamus* L.

多年生草本。根状茎粗壮，横走。叶基生，剑形，2 行排列，先端渐尖，下部对折，边缘宽膜质，中肋明显隆起。花序柄三棱形；佛焰苞叶状，剑形；肉穗花序锥状圆柱形，斜上伸或近直立，花两性，黄绿色，密生于整个花序上；花被片 6，倒披针形；雄蕊 6，花丝扁平，花药淡黄色，卵形；子房长椭圆形，花柱短，柱头小。浆果长圆形，红色。花果期 6~8 月。

宁夏引黄灌区普遍分布，生于田边、沟旁或沼泽湿地上。全国各地均有分布。

二十四　天南星科　*Araceae*

1. 紫萍属　*Spirodela* Schleid.

紫萍 *Spirodela polyrrhiza* (L.) Schleid.

水生漂浮草本。叶状体宽倒卵形，扁平，先端钝圆，表面绿色，背面带紫红色，具5~11条掌状脉纹，背面中央生5~11条根，根白绿色，根冠尖。花序具1雌花及2雄花，雄花具1雄蕊，雌花具1室子房。果实圆形，上部具翅。花期6~7月。

产宁夏引黄灌区，生于池沼、稻田及排水沟中。我国南北各地均有分布。

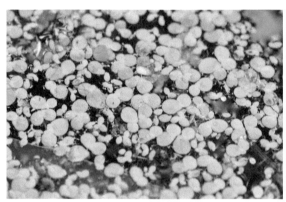 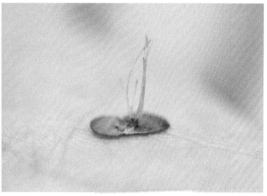

2. 浮萍属　*Lemna* L.

浮萍 *Lemna minor* L.

浮水草本。叶状体对称，近圆形、倒卵形或倒卵状椭圆形，全缘，表面绿色，背面浅黄色或绿白色，具3条不明显的脉，背面生1条丝状根，白色，根冠钝头。叶状体背面一侧具囊，囊内形成新的叶状体，以极短细柄与母体相连，随后脱落。雌花具1弯生胚珠。果实无翅。花期6~7月。

产宁夏引黄灌区，生于池沼及水沟中。我国南北各地均有分布。

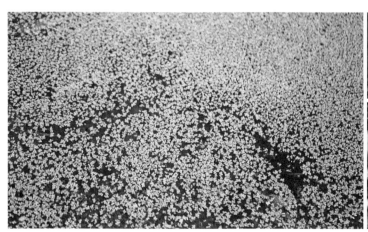 

3. 天南星属 *Arisaema* Mart.

（1）象南星 *Arisaema elephas* Buchet

多年生草本。块茎扁球形，密生须根。叶单一，叶片 3 全裂，裂片无柄或具短柄，中裂片三角状宽倒卵形，侧裂片菱状宽斜卵形或菱状斜宽椭圆形，先端渐尖或尾状渐尖。花序梗短于叶柄，平滑；佛焰苞较大，黄绿色，具白色纵条纹，檐部暗紫红色，长椭圆形；雄花序长，花稀疏，花药 2~5 个聚生，横椭圆形或肾形；雌花序花密集，子房椭圆形或圆卵形，花柱短，柱头盘状。浆果椭圆形，红色。花期 6~7 月，果期 8 月。

产宁夏六盘山，生于林下或林缘草地。分布于重庆、贵州、四川、西藏、甘肃和云南。

（2）一把伞南星 *Arisaema erubescens* (Wall.) Schott

多年生草本。块茎扁球形，密生须根。叶单一，叶柄上部绿色，光滑；叶片放射状分裂，无柄或具短柄，裂片 7~10 个，长椭圆状披针形或倒披针形。花序梗短于叶柄；佛焰苞绿色，具白色条纹，檐部卵状长椭圆形或卵形；雄花序花稍密，无柄，花药 2~4 个聚生；雌花序，花密生，附属器棒状。浆果橘红色。花期 5~6 月，果期 7 月。

产宁夏六盘山，生于林下或林缘草地。分布于安徽、福建、甘肃、广东、广西、贵州、河北、河南、湖北、湖南、江西、陕西、山东、山西、四川、台湾、云南和浙江。

（3）隐序南星 *Arisaema wardii* C. Marquand & Airy Shaw

多年生草本。块茎球形，具多数须根。叶单一，叶片放射状分裂，裂片 5~6 个，无柄或近无柄，裂片不等长，长椭圆形、长椭圆状倒披针形。花序梗与叶柄近等长或较短，平滑；佛焰苞绿色，无白色条纹，檐部倒卵形或倒卵状长椭圆形，先端渐尖，具尾尖；雄花序圆柱状，花稍密，花近无柄，花药 2~3 个聚生；雌花序圆柱状，花密生。果序圆柱形，浆果红色。花期 7 月，果期 8~9 月。

产宁夏六盘山，生于林下或林缘草地。分布于西藏、云南、青海和陕西。

4. 半夏属　*Pinellia* Tenore

半夏 *Pinellia ternata* (Thunb.) Ten. ex Breitenb.

多年生草本。块茎圆球形，具多数须根。幼苗具全缘单叶，叶片卵状心形至戟形；老株叶片 3 全裂，裂片长圆形或披针形，中裂片，侧裂片稍短，先端渐尖，具细小长尖，基部渐狭，全缘或具不明显的浅波状圆齿；花序梗长于叶；佛焰苞绿色，管部狭圆柱形，檐部长椭圆形，绿色或上部边缘带紫红色，先端钝或锐尖。浆果卵圆形。花期 6~7 月，果期 8 月。

产宁夏六盘山，生于山地农田、荒地或草地。除内蒙古、青海、新疆、西藏等尚未发现外，全国各地均有分布。

二十五 泽泻科 Alismataceae

1. 泽泻属 *Alisma* L.

（1）草泽泻 *Alisma gramineum* Lej.

多年生草本。叶全部基生，叶片长椭圆状披针形或线状长椭圆形，先具 5 条弧形脉；叶柄，基部扩展成鞘状，边缘膜质。花序为顶生圆锥花序；花梗细；外轮花被片 3，椭圆形，绿色，宿存，内轮花被片 3，稍大于外轮花被片，白色；雄蕊 6；心皮多数，排列为 1 轮。瘦果倒卵形。花期 6~7 月，果期 8 月。

产宁夏引黄灌区，生于湖边、水塘、沼泽、沟边、湿地或稻田中。分布于黑龙江、吉林、辽宁、内蒙古、山西、甘肃、青海、新疆等。

（2）东方泽泻 *Alisma orientale* (Sam.) Juz.

多年生草本。叶全部基生，叶片椭圆形或卵状椭圆形，全缘，具 7 条弧形脉；叶柄基部扩展成鞘状。花序为大型顶生圆锥花序；花梗细；外轮花被片 3，椭圆形，绿色，宿存，内轮花被片 3，白色，稍长于外轮花被片；雄蕊 6；雌蕊多数，排列为 1 轮。瘦果倒卵形。花期 6~7 月，果期 8 月。

宁夏引黄灌区普遍分布，生于池沼、湖泊及稻田中，为常见稻田杂草。分布于华东、东北、华北、西北。

2. 慈姑属 *Sagittaria* L.

野慈姑 *Sagittaria trifolia* L.

多年生草本。叶全部基生，挺水，叶片箭形；叶柄粗壮，基部扩展成鞘状。花数轮排列成总状，或分枝排列成圆锥花序；花序上部为雄花，具细长花梗，下部为雌花，具短梗；苞片卵形或卵状披针形，基部合生；萼片 3，卵形，先端钝；花瓣 3，宽倒卵形或近圆形，白色，较萼片长；雄蕊多数，花药堇紫色；心皮多数，密集成球形。瘦果。花期 6~7 月，果期 8 月。

宁夏引黄灌区普遍分布，生于池沼、水沟或稻田中。南北各地均有分布。

二十六 花蔺科 Butomaceae

花蔺属 *Butomus* L.

花蔺 *Butomus umbellatus* L.

多年生水生草本。叶全部基生，长线形，三棱形，基部扩展成鞘状，边缘膜质。花葶圆柱形，直立；伞形花序顶生，总苞片 3，卵形或卵状披针形；花梗细长；外轮花被片椭圆形，先端圆，绿色带紫色，内轮花被片倒卵状椭圆形或倒卵形，先端钝，淡紫红色；雄蕊 9；心皮 6，排列成 1 轮，柱头纵折状。蓇葖果。花期 7~8 月，果期 9~10 月。

宁夏引黄灌区有分布，生于池沼。分布于东北、华北及陕西、河南、山东、江苏、新疆等。

二十七 水鳖科 Hydrocharitaceae

茨藻属 *Najas* L.

（1）草茨藻 *Najas graminea* Delile

一年生沉水草本。茎细弱，2叉状分枝。叶轮生，细丝形，先端渐尖，边缘具极不明显的细小齿，中脉明显；叶鞘顶端具1披针形裂片。花单性，雌雄同株；花单生叶腋，雄花无苞片；雌花无花被，柱头2裂。果实长椭圆形，种皮表皮细胞近四方形或多角形。花果期6~7月。

产宁夏引黄灌区，生于池沼、缓流水沟或稻田中。分布于东北、华东、华南。

（朱鑫鑫 拍摄）

（2）大茨藻 *Najas marina* L.

一年生沉水草本。茎柔软，多分枝，疏被尖锐短刺或无刺。叶对生，线形，先端锐尖，边缘每侧具 6~11 个刺状粗齿，中脉明显，两面沿中脉常有少数棘刺；叶鞘圆形，边缘全缘或具少数细齿。花单性，雌雄异株；花单生叶腋，雄花包藏于一瓶状苞内，花被 2 裂，具 1 雄蕊，花药 4 室；雌花无花被，柱头 2~3 裂。果实椭圆形，种皮细胞呈多角形。花果期 7~9 月。

产宁夏引黄灌区，生于池沼、缓流水沟或稻田中。分布于东北、华北及江苏、湖南、云南等。

（3）小茨藻 *Najas minor* All.

一年生沉水草本。茎细弱，2 叉状分枝。3 叶轮生或对生，叶细线形，先端渐尖，叶缘每侧各具 7~12 个刺状小齿，中脉明显；叶鞘圆形或近截形，边缘具刺状小齿。花单性，雌雄同株；花单生叶腋，雄花具篦状苞片，雄蕊 1，花药 1 室；雌花无花被，花柱柱头 2 裂。果实长椭圆形，种皮表皮细胞宽大于长，呈横长方形。花果期 7~9 月。

产宁夏引黄灌区，生于池沼、缓流水沟及稻田中。我国南北各地均有分布。

二十八 水麦冬科 Juncaginaceae

水麦冬属 *Triglochin* L.

（1）海韭菜 *Triglochin maritimum* L.

多年生草本。叶全部基生，线形，基部扩大成鞘状，边缘膜质；花葶直立，总状花序顶生；花多数，密生；花被片6，外轮3片宽卵形，内轮3片较狭，紫绿色；雄蕊6，花丝极短；心皮6，合生，柱头6裂，羽毛状。蒴果卵状椭圆形，成熟时自基部开裂。花果期6~10月。

产宁夏贺兰山、月亮山及海原、中卫等县，生于低湿草地和湖边。分布于黑龙江、新疆、青海、甘肃、四川、云南等。

（2）水麦冬 *Triglochin palustre* L.

多年生草本。叶全部基生，线形，基部扩大成鞘状；叶舌膜质。花葶直立，总状花序顶生；花多数，疏生；花被片6，卵状长圆形，绿紫色；雄蕊6，无花丝，花药2室；心皮3，柱头羽毛状。蒴果长棒状，成熟时开裂为3个果爿，果梗直。花果期5~9月。

产宁夏贺兰山、六盘山、罗山及银川、中卫、海原、西吉、隆德等，生于山沟泉水边或低洼盐碱草地。分布于东北、华北、西北、西南。

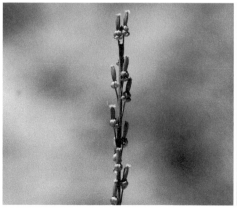

二十九 眼子菜科 Potamogetonaceae

1. 角果藻属 *Zannichellia* L.

角果藻 *Zannichellia palustris* L.

多年生草本。茎细丝形，具分枝。叶全部沉没水中，细丝形，对生，有时 3~4 枚轮生，先端尖，基部具鞘状的膜质托叶。花单性，几无梗，雌雄花各 1 个同生于 1 佛焰苞内；雄花具 1 雄蕊，花丝细长，花药 2 室；雌花具 2~6 个分离心皮，花柱顶具盾状柱头。小坚果长圆形。花果期 6~9 月。

产宁夏引黄灌区，生于池沼或缓流的排水沟中。我国南北各地均有分布。

2. 篦齿眼子菜属 *Stuckenia* Börner

篦齿眼子菜 *Stuckenia pectinata* (L.) Börner

多年生草本。茎细长，多分枝。叶全部沉水，丝形或细线形，具 1 条中肋，两侧具许多小横脉；托叶下部与叶柄结合成鞘状，抱茎，上部分离。穗状花序自茎顶叶腋抽出，由 2~5 轮间断的花簇组成，花簇间隔自下而上渐短；总花梗细弱。小坚果斜卵形。花期 6~7 月，果期 7~8 月。

宁夏引黄灌区普遍分布，生于池沼、排水沟及稻田中。南北各地均有分布。

3. 眼子菜属 *Potamogeton* L.

（1）眼子菜 *Potamogeton distinctus* A. Benn.

多年生草本。茎较细弱。茎上部叶浮于水面，长椭圆形或长椭圆状披针形，先端渐尖，基部楔形至近圆形，全缘，中肋明显；托叶线状披针形，与叶柄离生；茎下部的叶为沉水叶，狭长椭圆形或线状披针形，先端渐尖，基部渐狭，全缘。穗状花序，花密集；总花梗，着生于浮水叶腋。小坚果倒卵形。花期 7~8 月，果期 8 月。

宁夏引黄灌区普遍分布，生于池沼及排水沟中。分布于东北、华北及陕西、甘肃、四川、河南、江苏、江西、广东等。

（2）菹草 *Potamogeton crispus* L.

多年生沉水草本。茎稍扁，多分枝。叶条形，无柄，先端钝圆，叶缘多少呈浅波状，具疏或稍密的细锯齿；叶脉 3~5 条，平行；穗状花序顶生，具花 2~4 轮，初时每轮 2 朵对生，穗轴伸长后常稍不对称；花序梗棒状，较茎细；花小，被片 4，淡绿色，雌蕊 4 枚，基部合生。果实卵形。花果期 4~7 月。

产我国南北各地，生于池塘、水沟、水稻田、灌渠及缓流河水中。世界广布种。

（3）光叶眼子菜 *Potamogeton lucens* L.

多年生草本。茎细长，上部具分枝。叶全部沉水，互生，花序下的叶对生，质薄，近膜质，长椭圆形或椭圆状披针形，先端渐尖或急尖，并有中脉延伸的刺状尖头，基部楔形，边缘具不规则的浅锯齿或波状皱折，中脉明显，两侧各具 3 条平行脉；无柄或下部叶具短柄；托叶顶端圆形，抱茎。穗状花序，花密集；总花梗着生于茎上部叶腋，较茎稍粗壮。小坚果斜卵形。花期 6~7 月，果期 7~8 月。

产宁夏引黄灌区，生于池沼中。分布于我国东北、华北、西北及西南。

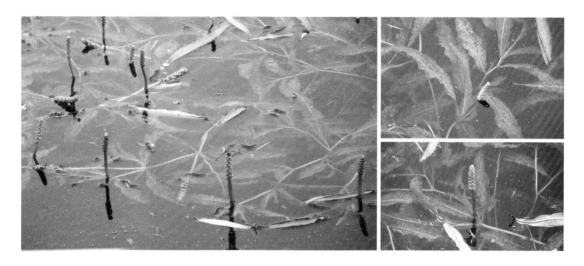

（4）浮叶眼子菜 *Potamogeton natans* L.

多年生草本。茎细长，少分枝。浮水叶长椭圆形、卵状椭圆形或椭圆形，先端钝圆或急尖，基部浅心形至圆形，全缘；托叶线状披针形，与叶柄离生；沉水叶呈叶柄状。穗状花序；总花梗较粗壮；小坚果倒卵形。花期 6~7 月，果期 7~8 月。

宁夏引黄灌区普遍分布，生于稻田或池沼中，为常见稻田杂草。我国南北各地均有分布。

（5）穿叶眼子菜 *Potamogeton perfoliatus* L.

多年生草本。茎稍粗，具分枝。叶全部沉水，互生，花序下的叶对生，质较薄，卵形、三角状卵形或长卵形，先端钝圆，基部心形，抱茎，全缘，波状皱折；无柄；托叶薄膜质，成筒状抱茎，后破裂为纤维状脱落。穗状花序花密集；总花梗生叶腋，与茎同粗。小坚果倒卵形。花期7~8月，果期8~10月。

宁夏引黄灌区普遍分布，生于池沼、排水沟及稻田中。全国各地均有分布。

（6）小眼子菜 *Potamogeton pusillus* L.

多年生草本。茎细弱，略扁平，多分枝。叶全部沉水，细丝形，先端突尖，基部渐狭成极短的叶柄或无柄，全缘，中脉明显，在背面凸起；托叶膜质，与叶柄离生。穗状花序短，由1~3轮间断花簇组成；总花梗细，顶生。小坚果倒卵形。花期7~8月，果期8~9月。

宁夏引黄灌区普遍分布，生于池沼、排水沟及稻田中。我国南北各地均有分布。

（7）竹叶眼子菜 *Potamogeton wrightii* Morong

多年生草本。茎细长，少分枝。叶全部沉水，质薄，近膜质，绿色或浅褐色，带状长椭圆形或带状狭披针形，先端具中肋延伸小尖头，基部渐狭，边缘波状皱折，中肋粗壮，两侧各具 3 条平行脉；托叶与叶柄离生，下半部抱茎。穗状花序；总花梗较叶柄粗壮，着生于茎端叶腋。小坚果斜卵形。花期 7~8 月，果期 8~9 月。

产宁夏引黄灌区，生于流水沟中。全国各地均有分布。

三十　薯蓣科　Dioscoreaceae

薯蓣属　*Dioscorea* L.

穿龙薯蓣 *Dioscorea nipponica* Makino

多年生缠绕草本。根状茎粗壮，具分枝，外皮片状剥落。茎圆柱形，紫褐色，具纵沟棱，无毛。单叶互生，下部叶肾形至宽卵形，5~7 浅裂，顶裂片三角状卵形，先端尾状突尖，基部心形，裂片全裂；中上部叶卵形或宽卵形，5 浅裂至深裂，顶裂片卵状椭圆形或卵状披针形，具 7 条基出脉。雄花序穗状，生叶腋；雄花无柄或近无柄，花被片 6，椭圆形，先端圆；雄蕊 6，短于花被片；雌花序生叶腋；雌花花被片 6，椭圆形或矩圆形，无退化雄蕊，花柱短，柱头 3 个，每个再 2 裂。蒴果具 3 翅。花期 7 月，果期 7~8 月。

产宁夏六盘山，生于阴坡灌丛中。分布于安徽、甘肃、贵州、河北、黑龙江、河南、湖北、江西、吉林、辽宁、内蒙古、青海、陕西、山东、山西、四川和浙江。

三十一 藜芦科 Melanthiaceae

1. 藜芦属 *Veratrum* L.

藜芦 *Veratrum nigrum* L.

多年生草本。茎直立。叶 4~5 片，互生，叶片椭圆形或长椭圆形，先端锐尖，基部渐狭，有封闭和抱茎的细长叶鞘，两面无毛，向上叶渐小，披针形，先端渐尖，叶鞘较短。圆锥花序；苞片披针形；小苞片三角状披针形，密被绒毛；花梗被绒毛，主轴的花常为两性，余则为雄性；花被片 6，黑紫色，椭圆形至倒卵状椭圆形；雄蕊 6。蒴果椭圆形。花期 5~6 月，果期 8 月。

产宁夏六盘山，生于山坡草地。分布于甘肃、贵州、河北、黑龙江、河南、湖北、吉林、辽宁、内蒙古、陕西、山东、山西和四川。

2. 重楼属 *Paris* L.

（1）七叶一枝花 *Paris polyphylla* Sm.

多年生草本。茎直立，单一，常暗紫红色。叶 7~10 片轮生，倒披针形或椭圆状披针形，先端渐尖，基部楔形；具短柄。花单一，顶生；外轮花被片 5~6，狭卵形或卵状披针形，先端渐尖，绿色，内轮花被片细线形，与外轮花被片同数，较外轮花被片长；雄蕊为外轮花被片的 2 倍，花丝暗紫色，药隔不伸出花药上方；子房球形，花柱 4~5。花期 6~7 月。

宁夏六盘山，生于山坡林下。分布于安徽、福建、甘肃、广东、广西、贵州、河南、湖北、湖南、江苏、江西、陕西、山西、四川、台湾、西藏、云南和浙江。

（2）四叶重楼 *Paris quadrifolia* L.

多年生草本。根状茎细长，横走。叶 4 片轮生，倒卵形或宽倒卵形，先端尾尖，基部宽楔形；无柄或近无柄。花单一，顶生；外轮花被片 4，狭卵形或卵状披针形，先端渐尖；内轮花被片细线形，黄绿色；雄蕊 8，花丝扁平，花药与花丝近等长，药隔突出部分钻形；子房球形，花柱 4。蒴果浆果状。花期 6~7 月，果期 8~9 月。

产宁夏六盘山，生于山坡杂木林下。分布于黑龙江和新疆。

（3）北重楼 *Paris verticillata* M. Bieb.

多年生草本。茎直立，单一，常带暗紫色。叶 5~8 片轮生，倒卵状披针形、倒披针形、长椭圆状披针形或披针形，先端渐尖，基部楔形；近无柄或具短柄。花单一，顶生；外轮花被片 4，狭卵形或卵状披针形，先端渐尖；内轮花被片 4，线形，黄绿色，短于外轮花被片；雄蕊 8，与内轮花被片近等长或稍短，花丝扁平；子房近球形，花柱 4。蒴果浆果状。花期 5~6 月，果期 8~9 月。

产宁夏六盘山，生于山坡林下。分布于安徽、甘肃、河北、黑龙江、吉林、辽宁、内蒙古、陕西、山西、四川和浙江。

三十二　菝葜科　Smilacaceae

菝葜属　*Smilax* L.

（1）防己叶菝葜 *Smilax menispermoidea* A. DC.

攀缘藤本。茎圆柱形，分枝具明显锐棱，无刺。叶互生，卵形狭卵形或卵状椭圆形，先端急尖并具小尖头或渐尖，基部浅心形，全缘，上面绿色，下面灰绿色，具明显的 3 条主脉；叶柄中部以下具鞘状齿，具 2 条卷须。伞形花序腋生，花序梗较叶柄长，光滑；浆果球形，熟时紫黑色。花期 5 月，果期 6~7 月。

产宁夏六盘山，生于林下或林缘、灌木丛中。分布于甘肃、陕西、四川、湖北、贵州、云南和西藏。

（2）鞘柄菝葜 *Smilax stans* Maxim.

直立灌木。茎圆柱形；小枝具角棱，无刺。叶互生，卵形、狭卵形或卵状披针形，先端渐尖，基部浅心形、近圆形至宽楔形，全缘，上面绿色，下面灰绿色，常具 3 条主脉；叶柄向基渐宽成鞘状。伞形花序叶腋生；花序梗较叶柄长，光滑；浆果熟时黑色。花期 5~6 月，果期 7~8 月。

产宁夏六盘山，生于林下、灌丛。分布于河北、山西、陕西、甘肃、四川、湖北、河南、安徽、浙江、台湾等。

三十三 百合科 Liliaceae

1. 扭柄花属 *Streptopus* Rich.

扭柄花 *Streptopus obtusatus* Fassett

多年生草本。茎直立，单一，光滑。叶（4）5~8 片，互生，椭圆形、长椭圆形或披针状长椭圆形，先端渐尖或短渐尖，基部心形，抱茎，边缘具睫毛状细齿，两面无毛。花单生上部叶腋；花梗中部以上或中部具关节；花被淡黄色，6 深裂几达基部，裂片线形或线状披针形；雄蕊 6；子房球形，柱头 3 裂。浆果球形，红色。花期 6 月，果期 7~8 月。

产宁夏六盘山，生于杂木林下。分布于陕西、甘肃、四川、云南等。

2. 七筋姑属 *Clintonia* Rafin.

七筋姑 *Clintonia udensis* Trautv. et C.A.Mey.

多年生草本。叶基生，长椭圆形、倒卵状长椭圆形或卵状长椭圆形，先端短突尖，基部成鞘状抱茎，全缘。花茎自叶丛抽出，单一，直立；总状花序顶生，具少数花或仅具 2~3 朵花；花被片 6，离生，白色，长椭圆形至披针形，先端钝；雄蕊 6，着生于花被片基部；子房卵状长圆形，柱头 3 浅裂。浆果近球形或椭圆形。花期 5~6 月，果期 6~7 月。

产宁夏六盘山，生于高山林下。分布于东北及河北、山西、河南、湖北、陕西、甘肃、四川、云南、西藏等。

3. 顶冰花属 *Gagea* Salisb.

（1）少花顶冰花 *Gagea pauciflora* Turcz.

多年生草本。基生叶 1 枚，细线形，高超出花葶；茎生叶 1~3 片，线状披针形，先端长渐尖。花 1~3 朵，排列成近总状花序；花被片狭长椭圆形；背部绿色，边缘黄色；雄蕊 6；子房圆柱形，柱头 3 深裂，裂片几与花柱等长或稍长。花期 5~6 月。

产宁夏贺兰山、南华山和香山，生于山坡。分布于黑龙江、内蒙古、河北、陕西、甘肃、青海、西藏。

（2）小顶冰花 *Gagea terraccianoana* Pascher

多年草本。鳞茎卵形。基生叶 1，线形，先端长渐尖，基部渐狭，两面无毛；叶柄细弱。总苞片 1，叶状，狭线形，先端长渐尖，基部抱茎；苞片丝形；花 1~3 朵，花梗不等长，无毛；花被片线状长椭圆形，先端尖，边缘近膜质；雄蕊 6，3 长 3 短；子房倒卵形，花柱与子房等长或较长，柱头微 3 裂。花期 5 月。

产宁夏六盘山，生林下湿润处。分布于我国东北及河北、山西、陕西、甘肃、青海等。

（3）洼瓣花 *Gagea serotina* (L.) Ker Gawl.

多年生草本。鳞茎狭卵形，鳞茎皮灰褐色，向上延伸。基生叶通常 2 片，细线形，通常短于花序；茎生叶狭披针形或线形，先端长渐尖，基部半抱茎，向上渐小。花 1~2 朵；花被片 6，倒卵状椭圆形或倒卵状长椭圆形，白色具紫色条纹或带紫色，先端钝；雄蕊 6；子房椭圆状圆柱形，柱头微 3 裂。花期 6 月。

产宁夏贺兰山，生于海拔 2200~2500m 的山坡和灌丛。分布于江苏、河北、黑龙江、吉林、辽宁、内蒙古、青海、陕西、山西、四川、新疆、西藏和云南。

（4）西藏洼瓣花 *Gagea tibetica* Baker ex Oliv.

多年生草本。基生叶 3~10 枚；茎生叶 2~3 枚，向上逐渐过渡为苞片，通常无毛；花 1~5 朵；花被片黄色，有淡紫绿色脉；内花被片内面下部或近基部两侧各有 1~4 个鸡冠状褶片，外花被片宽度约为内花被片的 2/3；内外花被片内面下部通常有长柔毛；雄蕊长约为花被片的一半；柱头近头状，稍 3 裂。花期 5~7 月。

产宁夏贺兰山，生于海拔 3000m 的石质山脊、石缝及高山灌丛。分布于西藏、四川、湖北、陕西、甘肃和山西。

（谭飞 拍摄）

4. 贝母属 *Fritillaria* L.

榆中贝母 *Fritillaria yuzhongensis* G. D. Yu & Y. S. Zhou

多年生草本。鳞茎卵球形。最下叶对生，线形，先端不卷曲，余叶多互生，稀兼有对生，先端卷曲或弯曲；花单生，钟形，黄绿色，具稀疏紫色方格斑；叶状苞片与下面叶合生，先端弯曲或卷曲；花被片6，外花被片椭圆形或倒卵状长圆形，内花被片倒卵形或倒卵状长圆形；花丝无乳突或具稀疏乳突；花柱3裂；蒴果具翅。

产宁夏六盘山，生于林下或林缘草地。分布于陕西、甘肃、河南和山西。

5. 百合属 *Lilium* (Tourn.) L.

山丹（细叶百合）*Lilium pumilum* Redouté

多年生草本。地下茎直伸，生数轮纤维状细根；鳞茎圆锥形或长卵形，鳞茎瓣卵形。茎直立，无毛或微被乳头状刺毛。叶散生，狭线形，具1条明显的脉，无柄。花单生或数朵成总状花序，顶生；花被片6，深橘红色；雄蕊6；花丝细长；子房圆柱形，柱头3裂，开展。蒴果长椭圆形。花期7~8月，果期8~9月。

产宁夏贺兰山、罗山、香山、南华山，生于向阳山坡。分布于甘肃、河北、黑龙江、河南、吉林、辽宁、内蒙古、青海、陕西、山东和山西。

三十四 兰科 Orchidaceae

1. 杓兰属 *Cypripedium* L.

（1）紫点杓兰 *Cypripedium guttatum* Sw.

陆生草本。茎直立，中部以下具2叶鞘。叶片2，着生于茎的中部或稍上，互生或近对生，椭圆形、长椭圆形或卵状长椭圆形，先端急尖或渐尖，基部圆楔形，抱茎。花单生，白色，具紫色条纹及斑点；中萼片卵形或卵状椭圆形，合萼片狭长椭圆形，顶端2裂；花瓣斜卵状披针形、半卵形或近提琴形，与合萼片几等长；唇瓣近球形，与中萼近等大，内折的侧裂片很小，囊几乎无前面内弯的边缘；蕊柱退化雄蕊椭圆形，先端截形或微凹；柱头近菱形；子房纺锤形。花期6月，果期7~8月。

产宁夏六盘山，生于海拔2100~2300m的高山林下。分布于河北、黑龙江、吉林、辽宁、内蒙古、陕西、山东、山西、四川、西藏和云南。

（2）黄花杓兰 *Cypripedium flavum* P. F. Hunt et Summerh.

陆生草本。茎直立。叶3~5片，互生，椭圆形、宽椭圆形、卵状宽椭圆形或椭圆状披针形，先端急尖或渐尖，基部圆形抱茎。花单生，黄色，具紫色条纹与斑点；中萼片椭圆形或宽椭圆形，先端圆钝，合萼片与中萼片相似，略小，先端几不裂；花瓣斜卵状披针形，唇瓣与中萼片等长，内折侧裂片半圆形，囊前内弯，囊内底部具长柔毛；退化雄蕊近于圆形或卵圆形，基部具耳。蒴果棱形，具纵棱。花期6月，果期7~8月。

产宁夏六盘山和罗山，生于山坡林下、林缘、灌丛中或草地上多石湿润之地。分布于甘肃、湖北、四川、云南等。

（徐晔春　拍摄）

（3）毛杓兰 *Cypripedium franchetii* Rolfe

陆生草本。茎直立。叶 3~4 片，互生，椭圆形至长椭圆形，先端急尖，基部抱茎。花单生，紫红色，中萼片宽卵形或卵状椭圆形，先端渐尖，合萼片椭圆形或卵形，较中萼片小，先端具 2 齿；花瓣披针形，与中萼片等长或稍长，唇瓣囊状，口径与花瓣长度相等，口部前面内弯，内折侧裂片三角形，囊底具长柔毛；退化雄蕊箭形或近卵形，基部具耳及短柄。花期 5~7 月。

产宁夏六盘山，生于林下。分布于重庆、山西、河南、陕西、甘肃、四川、湖北等。

2. 舌唇兰属　*Platanthera* Rich.

二叶舌唇兰 *Platanthera chlorantha* (Custer) Rchb.

陆生草本。具 1~2 个卵形块茎。茎直立。叶 2 片近基生，倒卵状椭圆形、椭圆形或倒卵状披针形，先端急尖或钝，基部渐狭成鞘状柄。总状花序顶生；花白色，中萼片宽卵状三角形，先端圆形，侧萼片斜卵形，先端急尖；花瓣线状披针形，偏斜，基部较宽大，唇瓣线形，肉质，先端钝；距圆筒状，呈弧曲，先端钝；药室略叉开；黏盘圆形；子房线形，无毛。花期 7 月。

产宁夏六盘山，生于海拔 1870~2000m 的林下。分布于我国东北、华北、西北及西南。

3. 角盘兰属　*Herminium* L.

（1）裂瓣角盘兰 *Herminium alaschanicum* Maxim.

陆生草本。块茎近球形或椭圆形。茎直立。基部具 2~3 片叶，线状披针形，先端渐尖，基部渐狭成鞘状柄，抱茎；茎中上部具 3~4 片苞片状小叶，披针形，先端尾状渐尖。总状花序顶生；花小，绿色；中萼片卵形，先端尖，具 3 脉，侧萼片狭卵形，较中萼片稍短而狭，先端尖；花瓣卵状披针形，较萼片稍长，近中部骤狭，中部以上呈尾状，唇瓣较中萼片稍长，矩圆形，3 深裂至中部，裂片线形，中裂片较侧裂片短，唇瓣基部凹陷，具短距；蕊柱短；子房无毛。花期 9 月。

产宁夏贺兰山及云雾山，生于山坡草地或林缘。分布于甘肃、河北、内蒙古、青海、陕西、山西、四川、西藏和云南。

（2）角盘兰 *Herminium monorchis* (L.) R. Br.

陆生草本。块茎球形。茎直立。基部具 2~3 片叶，叶片披针形或长椭圆状披针形，先端急尖或渐尖，基部渐狭成鞘状柄，抱茎。总状花序顶生；花小，黄绿色，中萼片长椭圆形或卵状长椭圆形，先端钝，具 1 脉，侧萼片卵状披针形，与中萼片等长，较狭，先端钝，具 1 脉；花瓣线状披针形，上部成狭线形，先端钝，唇瓣肉质增厚，与花瓣等长，基部凹陷呈浅囊状，上部 3 裂，裂片线形，先端钝，侧裂片，无距；退化雄蕊 2；子房无毛，扭转。花期 7 月。

产宁夏六盘山和罗山，生于林缘草地或林下。分布于安徽、甘肃、河北、黑龙江、河南、吉林、辽宁、内蒙古、青海、陕西、山东、山西、四川、西藏和云南。

4. 红门兰属 *Orchis* L.

广布小红门兰 *Orchis chusua* (D. Don) Soó

陆生草本。块茎椭圆形或近球形。茎直立。叶 2~3 片，互生，长椭圆形、椭圆状披针形或披针形，先端渐尖或急尖，基部渐狭成鞘状抱茎。总状花序顶生，较短，花少数，偏向一侧；花紫红色，中萼片狭卵状椭圆形，先端钝，侧萼片较中萼片稍长，斜卵状披针形，先端尖；花瓣较萼片短，斜卵状披针形，先端急尖或钝，或多或少与中萼片靠合成盔状，唇瓣较萼片宽大，宽倒卵形或菱形，先端 3 裂，中裂片大，四方形，先端微凹，中间具细尖头，侧裂片较中裂片短，椭圆形，先端圆，距近圆筒形，先端钝，基部较宽；子房线形，无毛，具短柄。花期 7 月。

产宁夏六盘山，生于海拔 2700m 左右的高山草地或灌木丛下。分布于甘肃、黑龙江、河南、湖北、吉林、内蒙古、青海、陕西、四川、西藏和云南。

5. 手参属 *Gymnadenia* R. Br.

手参 *Gymnadenia conopsea* (L.) R. Br.

多年生草本。植株高 20~60cm。块茎椭圆形，肉质，下部掌状分裂，裂片细长。茎直立，圆柱形，基部具 2~3 枚筒状鞘，其上具 4~5 枚叶，上部具 1 至数枚苞片状小叶。叶片线状披针形、狭长圆形或带形。总状花序；子房纺锤形，顶部稍弧曲；花粉红色；中萼片宽椭圆形或宽卵状椭圆形，先端急尖，略呈兜状，具 3 脉；侧萼片斜卵形，反折，边缘向外卷，较中萼片稍长或几等长，先端急尖，具 3 脉，前面的 1 条脉常具支脉；花瓣直立，斜卵状三角形，与中萼片等长，与侧萼片近等宽，边缘具细锯齿，先端急尖，具 3 脉，前面的 1 条脉常具支脉，与中萼片相靠；唇瓣向前伸展，宽倒卵形，前部 3 裂，中裂片较侧裂片大，三角形，先端钝或急尖；距细而长，狭圆筒形，下垂，稍向前弯，向末端略增粗或略渐狭，长于子房。花期 6~8 月。

产宁夏六盘山，生于山坡林下、草地或砾石滩草丛中。分布于黑龙江、吉林、辽宁、内蒙古、河北、山西、陕西、甘肃、四川、云南和西藏。

6. 掌裂兰属　*Dactylorhiza* Neck. ex Nevski

凹舌掌裂兰 *Dactylorhiza viridis* (L.) R. M. Bateman, Pridgeon & M. W. Chase

陆生草本。块茎肥厚，呈手状分枝。茎直立。叶3~6片，互生，椭圆形、长椭圆形、卵状长椭圆形至卵状披针形，先端渐尖或急尖，基部渐狭成鞘且抱茎。总状花序顶生；花绿色或黄绿色，萼片基部合生，中萼片卵状椭圆形，先端圆钝，具3~5脉，侧萼片斜卵形，较中萼片稍长，先端钝或急尖；花瓣线形或线状披针形，唇瓣肉质，倒披针形，先端3浅裂，中裂片三角形，先端钝，侧裂片卵状披针形；蕊柱扭转，无毛。花期6~7月。

产宁夏六盘山和贺兰山，生于林下。分布于黑龙江、吉林、辽宁、内蒙古、河北、山西、陕西、甘肃、青海、新疆、台湾、河南、湖北、四川、云南和西藏。

7. 斑叶兰属　*Goodyera* R. Br.

小斑叶兰 *Goodyera repens* (L.) R. Br.

多年生草本。植株高10~25cm。根状茎伸长，茎状，匍匐，具节。茎直立，绿色，具5~6枚叶。叶片卵形或卵状椭圆形，上面深绿色具白色斑纹，背面淡绿色，先端急尖，基部钝或宽楔形，基部扩大成抱茎的鞘。花茎直立或近直立，具3~5枚鞘状苞片；总状花序具几朵至10余朵，密生，多少偏向一侧的花；花苞片披针形；子房圆柱状纺锤形；花小，白色或带绿色或带粉红色，半张开；萼片具1脉，中萼片卵形或卵状长圆形，先端钝，与花瓣黏合呈兜状；侧萼片斜卵形、卵状椭圆形，先端钝；花瓣斜匙形，先端钝，具1脉；唇瓣卵形，基部凹陷呈囊状，内面无毛，前部短的舌状，略外弯；蕊柱短；蕊喙直立，叉状2裂；柱头1个，较大，位于蕊喙之下。花期7~8月。

产宁夏罗山，生于山坡或沟谷阔叶林下。分布于黑龙江、吉林、辽宁、内蒙古、河北、山西、陕西、甘肃、青海、新疆、安徽、台湾、河南、湖北、湖南、四川、云南、西藏。

8. 绶草属 *Spiranthes* Rich.

绶草（盘龙参） *Spiranthes sinensis* (Pers.) Ames

陆生草本。茎直立。基生叶 4~6 片，线状披针形或披针形，先端渐尖，基部渐狭成鞘状柄；茎生叶 2~4 片，向上渐小。总状花序顶生，花多数，密集呈穗状；苞片卵状披针形，稍长于子房，先端尾状渐尖；花粉红色，中萼片线状长椭圆形，先端钝，侧萼片披针形，与中萼片等长或稍长；花瓣线状长椭圆形，与中萼片等长，与中萼片结合成盔，唇瓣与萼片近等长，中部稍缢缩，中部以上边缘具强烈皱波状啮齿，里面中部以上被短柔毛，基部两侧具 1 胼胝体。花期 7~8 月。

产宁夏六盘山和固原市，生于沼泽化草甸。分布于全国各地。

9. 火烧兰属 *Epipactis* Adans.

（1）火烧兰 *Epipactis helleborine*(L.) Crantz.

陆生草本。茎直立。叶 3~4 片，互生，卵形、卵状椭圆形或卵状披针形，先端渐尖，基部近圆形且下延抱茎。总状花序顶生；花 7~18 朵，疏生；苞片叶状，披针形，先端渐尖；中萼片卵形，先端渐尖，无毛，侧萼片狭卵形或卵状披针形，稍偏斜；花瓣狭卵形，较萼片短，先端渐尖，唇瓣较花瓣短，下唇半球形，上唇心形，基部具 2 胼胝体；蕊柱粗厚；子房近椭圆形，被短绒毛。花期 7 月。

产宁夏六盘山和贺兰山，生于海拔 2000~3300m 云杉林下、林缘草地或高山草甸。分布于安徽、甘肃、贵州、河北、湖北、辽宁、青海、陕西、山西、四川、新疆、西藏和云南。

（2）大叶火烧兰 *Epipactis mairei* Schltr.

陆生草本。茎直立或斜升。叶 7~8 枚或更多，下部叶片近圆形，中部叶片椭圆形或卵状椭圆形，向上渐变小且成卵状披针形，先端渐尖，上面无毛，背面疏被微柔毛。总状花序具花 10 余朵；花紫红色，背萼片卵状披针形，舟状，先端急尖；侧萼片与中萼片相似，且稍大而多少偏斜；花瓣斜卵形，稍短于萼片；唇瓣上下唇几等长，下唇由 2 片侧裂片组成，近于蝙蝠形，先端缢缩，中间凹陷，内有 2 条不整齐的鸡冠状纵褶片，从基延伸至顶部；上唇卵形或卵状三角形，具 3 脉；蕊柱近直立；子房棒状。花期 7~8 月。

产宁夏六盘山，生于海拔 1900m 左右的山坡林缘或草地。分布于甘肃、贵州、湖北、湖南、陕西、四川、西藏和云南。

10. 鸟巢兰属 *Neottia* Ludwig

（1）尖唇鸟巢兰 *Neottia acuminata* Schltr.

腐生直立草本。茎直立。总状花序顶生，具多数花；中萼片披针形，先端具芒尖，1脉；侧萼片与中萼片相似，略宽，歪斜；花瓣狭披针形，先端几呈芒状，唇瓣位于上方，卵状披针形，先端长渐尖或稍钝；合蕊柱很短，花药直立；蕊喙较大，舌状；子房椭圆形，无毛。花期 7 月，果期 8~9 月。

产宁夏贺兰山和六盘山，生于林下。分布于甘肃、河北、湖北、吉林、内蒙古、青海、陕西、山西、四川、台湾、西藏和云南。

（2）北方鸟巢兰 *Neottia camtschatea* (L.) Rchb. f.

腐生直立草本。茎直立，褐色。总状花序顶生，具多数花，疏散；花绿白色，中萼片长椭圆形，先端圆钝，侧生萼片与中萼片等长，歪斜；花瓣线形，与萼片等长，较狭，先端钝或急尖，唇瓣在下方，倒楔形，向基部渐狭，基部上面具 2 褶片，先端 2 深裂，2 裂片间具小尖头，裂片披针形；蕊喙宽阔，近半圆形；子房椭圆形或倒卵形。花期 7 月，果期 8~9 月。

产宁夏贺兰山和罗山，生于海拔 2000~2400m 云杉林下或林缘腐殖质丰富、湿润处。分布于内蒙古、河北、山西、甘肃、青海和新疆。

（3）对叶兰 *Neottia puberula* (Maxim.) Szlach.

草本，茎纤细，近中部处具 2 枚对生叶，叶以上部分被短柔毛。叶片心形、宽卵形或宽卵状三角形，先端急尖或钝，基部宽楔形或近心形，边缘常多少呈皱波状。总状花序，疏生 4~7 朵花；花绿色，很小；中萼片卵状披针形，先端近急尖，具 1 脉；侧萼片斜卵状披针形，与中萼片近等长；花瓣线形，具 1 脉；唇瓣窄倒卵状楔形或长圆状楔形，中脉较粗，先端 2 裂；裂片长圆形，两裂片叉开或几平行；蕊柱稍向前倾；花药向前俯倾；蕊喙大，宽卵形，短于花药。蒴果倒卵形。花期 7~9 月，果期 9~10 月。

产于宁夏罗山，生于海拔 1400~2600m 的密林下阴湿处。分布于黑龙江、吉林、辽宁、内蒙古、河北、山西、甘肃、青海、四川和贵州。

11. 沼兰属　*Malaxis* Soland. ex Sw.

沼兰 *Malaxis monophyllos* (L.) Sw

陆生草本。茎直立。叶 1~2 片，基生，椭圆形或卵状椭圆形，先端钝或急尖，基部渐狭成鞘状柄，无毛。总状花序顶生；花小，黄绿色，中萼片位于下方，披针形或线状披针形，外折，具 1 脉，侧萼片与中萼片相似，直立；花瓣线形，常外折，唇瓣位于上方，宽卵形，凹陷，先端骤尖成尾状，上部边缘外折并具疣状突起，基部两侧各具 1 耳状侧裂片；蕊柱短；雄蕊几不具花丝，位于蕊柱背面；蕊喙三角状；子房倒卵形。花期 6~7 月，果期 7~8 月。

产宁夏六盘山，生于林下或林缘草地。分布于黑龙江、吉林、辽宁、内蒙古、河北、山西、陕西、甘肃、台湾、河南、四川、云南和西藏。

三十五 鸢尾科 Iridaceae

鸢尾属 *Iris* L.

（1）大苞鸢尾 *Iris bungei* Maxim.

多年生草本。叶线形，先端渐尖。花茎直立，具 2~3 片茎生叶，叶片呈苞状或较狭窄，基部鞘状抱茎；苞片 3，草质，浅绿色或灰绿色，狭卵形；花蓝紫色，花被管，外轮花被裂片披针形，先端钝，基部渐狭，内轮花被裂片倒卵状披针形或倒卵状长椭圆形，先端圆钝或微凹。蒴果圆柱状狭长卵形，顶端具喙，具 6 条明显纵肋。花期 5 月，果期 7~8 月。

产宁夏贺兰山及灵武、中卫、中宁、盐池等市县，生于沙质地。分布于内蒙古、陕西、甘肃等。

（2）野鸢尾 *Iris dichotoma* Pall.

多年生草本。叶基生或在花茎基部互生，对褶成镰刀形，先端渐尖，向外弯曲，基部鞘状抱茎，灰绿色。花茎直立，实心，上部二歧状分枝，分枝处生 1 茎生叶，披针形或三角状披针形，先端渐尖，基部抱茎。花序着生于分枝顶端；花白色，有紫褐色斑点，花被管短，外轮花被裂片长椭圆形，先端圆，内轮花被裂片倒卵状椭圆形，顶端微凹，基部渐狭；花药黄色，顶端具尖头；花柱分枝扁平，花瓣状，顶端裂片狭三角形。蒴果圆柱形。花期6~7 月，果期 7 月。

产宁夏贺兰山、罗山、须弥山、南华山及盐池等县，生于干旱山坡或山崖石隙中。分布于安徽、甘肃、河北、黑龙江、河南、湖北、湖南、江西、吉林、辽宁、内蒙古、陕西、山东、山西和云南。

（3）射干 *Iris domestica* (L.) Goldblatt & Mabb.

多年生草本。茎直立，实心叶互生，2 行排列，剑形，先端渐尖，基部鞘状抱茎。伞房状聚伞花序顶生，每分枝顶端聚生数朵花；花橙红色，其上散生紫褐色斑点；花被裂片 6，2 轮排列，外轮花被裂片倒卵形或长椭圆形，顶端圆钝或微凹，内轮花被裂片较外轮稍短而狭；雄蕊 3；花柱顶端 3 裂。蒴果倒卵形或长椭圆形；种子圆球形，黑紫色，有光泽。花期5~8 月，果期 7~9 月。

产宁夏六盘山，生于山坡草地或林缘。分布于华东、中南、西南及陕西、甘肃、山西、河北、吉林、辽宁等。

（4）德国鸢尾 *Iris germanica* L.

多年生草本。叶直立或略弯曲，淡绿色、灰绿色或深绿色，常具白粉，剑形，顶端渐尖，基部鞘状，常带红褐色，无明显的中脉。花茎光滑，黄绿色，上部有1~3个侧枝，中、下部有1~3枚茎生叶；苞片3枚，草质，绿色，边缘膜质，有时略带红紫色，卵圆形或宽卵形，内包含有1~2朵花；花大，鲜艳；花色因栽培品种而异，多为淡紫色、蓝紫色、深紫色或白色，有香味；花被管喇叭形，外花被裂片椭圆形或倒卵形，顶端下垂，爪部狭楔形，中脉上密生黄色的须毛状附属物，内花被裂片倒卵形或圆形，直立，顶端向内拱曲，中脉宽，并向外隆起，爪部狭楔形；子房纺锤形。蒴果三棱状圆柱形；种子梨形，黄棕色，表面有皱纹。花期4~5月，果期6~8月。

宁夏引黄灌区各市县有栽培。原产欧洲，我国各地庭园常见栽培。

（5）锐果鸢尾 *Iris goniocarpa* Baker

多年生草本。叶柔软，线形，先端渐尖，基部鞘状，黄绿色。花茎细弱；花蓝紫色，花被管，外轮花被裂片倒卵状椭圆形或椭圆形，先端圆钝或微凹，中脉上具须毛状附属物，内轮花被裂片狭长椭圆形或倒披针形，直立；花药黄色，与花丝等长；花柱分枝花瓣状，顶端裂片狭三角形。蒴果三棱状椭圆形；种子倒卵形，黑褐色，有光泽。花期5~6月，果期7月。

产宁夏罗山及六盘山，生于山坡草地或林缘。分布于陕西、甘肃、青海、四川、云南、西藏。

（6）马蔺 *Iris lactea* Pall.

多年生草本。叶基生，线形或宽线形，先端渐尖，基部鞘状，常带紫红色；苞片 3~5，草质，黄绿色，边缘膜质，白色，线状披针形，先端长渐尖，内含 2~4 朵花；花蓝紫色，花被管，外轮花被裂片倒披针形，先端钝或急尖，内轮花被片狭倒披针形，先端钝或急尖，基部渐尖；花药黄色；花柱分枝扁平，花瓣状，先端裂片狭三角形。蒴果圆柱形，具 6 条纵肋，顶端具喙。花期 5~6 月，果期 7~8 月。

宁夏全区普遍分布，生于山坡草地、路边、荒地及河边沙质地。分布于黑龙江、吉林、辽宁、内蒙古、河北、山西、山东、河南、安徽、江苏、浙江、湖北、湖南、陕西、甘肃、青海、新疆、四川、西藏。

（7）天山鸢尾 *Iris loczyi* Kanitz

多年生丛生草本。叶丝形，直立，先端渐尖，基部鞘状。花茎直立。基部具鞘状叶；苞片 3，狭披针形，先端渐尖，中脉明显，内含 1~2 朵花；花蓝紫色，花被管，伸出苞片，外轮花被裂片长椭圆形，中部稍狭，下部略宽，先端圆钝，基部渐狭，内轮花被裂片倒披针形，先端尖；花柱分枝，顶端裂片半圆形。果实长倒卵形至圆柱形，顶端具短喙，具 6 条明显的纵肋。花期 4~5 月，果期 7~8 月。

产宁夏贺兰山，生于海拔 1600~2300m 的石质山坡、山地草原和灌丛。分布于内蒙古、甘肃、青海、新疆、四川和西藏。

（8）黄菖蒲 *Iris pseudacorus* **L.**

多年生草本。基生叶灰绿色，宽剑形，顶端渐尖，基部鞘状，色淡，中脉较明显。花茎粗壮，有明显的纵棱，上部分枝，茎生叶比基生叶短而窄；苞片 3~4 枚，膜质，绿色，披针形，顶端渐尖；花黄色；外花被裂片卵圆形或倒卵形，爪部狭楔形，中央下陷呈沟状，有黑褐色的条纹，内花被裂片较小，倒披针形，直立；子房绿色，三棱状柱形。花期 5 月，果期 6~8 月。

宁夏引黄灌区各市县有栽培，生于河湖沿岸的湿地或沼泽地上。原产欧洲，我国各地常见栽培。

（9）鸢尾 *Iris tectorum* **Maxim.**

多年生草本。根状茎粗壮，二歧分枝。叶基生，黄绿色，稍弯曲，中部略宽，宽剑形，顶端渐尖或短渐尖。花茎光滑，顶部常有 1~2 个短侧枝，中、下部有 1~2 枚茎生叶；苞片 2~3 枚，披针形或长卵圆形，顶端渐尖或长渐尖，内包含有 1~2 朵花；花蓝紫色，直径约10cm；花梗甚短；花被管细长，上端膨大成喇叭形，外花被裂片圆形或宽卵形，顶端微凹，爪部狭楔形，中脉上有不规则的鸡冠状附属物，呈不整齐的繸状裂，内花被裂片椭圆形，花盛开时向外平展，爪部突然变细；雄蕊花药鲜黄色，花丝细长，白色；花柱分枝扁平，淡蓝色，顶端裂片近四方形，有疏齿。蒴果长椭圆形或倒卵形，有 6 条明显的肋。花期 4~5 月，果期 6~8 月。

宁夏引黄灌区各市县有栽培。分布于山西、安徽、江苏、浙江、福建、湖北、湖南、江西、广西、陕西、甘肃、四川、贵州、云南、西藏。

（10）细叶鸢尾 *Iris tenuifolia* Pall.

多年生丛生草本。叶丝形，扭曲。花茎直立；苞片 4，草质，边缘膜质，中脉明显，内含 2~3 朵花；花被管不伸出苞片；外轮花被裂片倒披针形，先端尖，基部渐狭，内轮花被裂片狭倒披针形，直立，花药黄色，先端尖；花柱分枝，顶端裂片矩圆形。蒴果宽椭圆形，红褐色，先端具短喙。花期 4~5 月，果期 7~8 月。

产宁夏贺兰山东麓洪积扇及中卫、青铜峡、海原等市（县），生于沙质地或路边。分布于甘肃、河北、黑龙江、吉林、辽宁、内蒙古、青海、陕西、山东、山西、新疆和西藏。

（11）粗根鸢尾 *Iris tigridia* Bunge ex Ledeb.

多年生丛生草本。根状茎粗短，具多数须根。基生叶线形；苞片 2，椭圆状披针形，膜质，急尖，常生 1 朵花；花冠蓝紫色，花被裂片 6，具紫色脉纹，外轮 3 片倒卵形，开展，具须毛状附属物，内轮 3 片椭圆形，直立，较狭，顶端凹；花柱分枝 3，花瓣状，顶端 2 裂。蒴果椭圆形，具 6 棱，先端具喙。花期 6 月。

产宁夏中卫市，生于草地、沙质地及砾石滩地。分布于甘肃、黑龙江、吉林、辽宁、内蒙古、青海、山西和四川。

（12）准噶尔鸢属 *Iris songarica* Schrenk

多年生草本。叶基生，线形，先端渐尖，基部鞘状，灰绿色。花茎具 3~4 片茎生叶；苞片 3，披针形，先端渐尖或短渐尖，内含 2 朵花；花蓝紫色；外轮花被裂片提琴形，上部椭圆形或卵圆形，爪部近披针形，内轮花被裂片倒披针形，直立；花药黄色，先端钝；花柱顶端裂片狭三角形。蒴果三棱状卵圆形，顶端具喙。花期 6 月，果期 8~9 月。

产宁夏贺兰山、罗山、六盘山，生于海拔 2900m 左右的高山草地。分布于甘肃、宁夏、青海、陕西、四川和新疆。

三十六 阿福花科 Asphodelaceae

萱草属 *Hemerocallis* L.

（1）黄花菜 *Hemerocallis citrina* Baroni

多年生草本。根近肉质，中下部常有纺锤状膨大。叶 7~20 枚。花葶长短不一，一般稍长于叶，基部三棱形，上部多少圆柱形，有分枝；苞片披针形，自下向上渐短；花梗较短，通常长不到 1cm；花多朵，最多可达 100 朵以上；花被淡黄色，有时在花蕾时顶端带黑紫色；花被管长 3~5cm，花被裂片长 (6~)7~12cm，内三片宽 2~3cm。蒴果钝三棱状椭圆形。种子黑色，有棱。花果期 5~9 月。

产宁夏六盘山，生于海拔 2000m 以下的山坡、山谷、荒地或林缘。分布于秦岭以南各地。

（2）北萱草 *Hemerocallis esculenta* Koidz.

多年生草本。叶基生，基部具黑褐色丝裂成纤维状残存叶鞘。花葶直立，光滑；总状花序顶生，短缩，具 2~4 朵花；花梗短；苞片狭卵形或卵状披针形，先端尾状长渐尖；花冠，橘红色。蒴果圆柱形。花期 6~7 月，果期 7~8 月。

产宁夏六盘山，生于山坡灌丛下。分布于甘肃、河北、河南、湖北、辽宁、陕西、山东和山西。

（3）萱草 *Hemerocallis fulva* **(L.) L.**

多年生草本。植株高 40~150cm。根近肉质，中下部常纺锤状。叶线形，先端锐尖。花葶直立，中空；不育的苞片宿存。螺旋状聚伞花序，2~5(~10) 花；苞片披针形。花单被，橙红色；筒部 2~4cm；裂片平展，有时有皱纹波状的边缘，内部裂片比外部的宽。花丝 4~5cm；花药紫黑色。蒴果椭圆形。花果期 5~7 月。

宁夏各市县有栽培。分布于安徽、福建、广东、广西、贵州、河北、河南、湖北、湖南、江苏、江西、陕西、山东、山西、四川、台湾、西藏、云南和浙江。

三十七 石蒜科 Amaryllidaceae

葱属 *Allium* L.

（1）矮韭 *Allium anisopodium* Ledeb.

多年生草本。鳞茎近圆柱状，丛生，鳞茎外皮紫褐色、黑褐色或灰黑色，膜质。叶半圆柱状，光滑或叶缘及纵棱具细糙齿，较花葶短或近等长。花葶圆柱状；伞形花序半球形，松散，花梗不等长；花被片淡紫色，外轮花被片卵状长椭圆形，内轮花被片倒卵状长椭圆形；花丝近等长，内轮花丝基部扩大为卵圆形，扩大部分为花丝长的一半，外轮花丝基部稍扩大；子房卵球形。花期 7~8 月。

产宁夏贺兰山、香山及盐池等县，生于山坡、草地或沙丘上。分布于甘肃、河北、黑龙江、吉林、辽宁、内蒙古、陕西、山东、山西和新疆。

（2）砂韭 *Allium bidentatum* Fisch. ex Prokh. et Ikonn.-Gal.

多年生草本。鳞茎圆柱状，丛生，鳞茎外皮褐色至灰褐色，条状破裂。叶半圆柱状，较花葶短，常仅为其 1/2 长。花葶圆柱状；伞形花序半球形，花密集；花梗近等长；花被片淡紫红色至红色，外轮花被片卵状椭圆形至卵形，内轮花被片矩圆形或椭圆状矩圆形，先端近平截，常具不规则小齿；花丝等长，略短于花被片，内轮花丝下部 4/5 扩展成卵状矩圆形，每侧各具 1 钝齿，外轮花丝锥形；子房卵球形。花期 7~9 月。

产贺兰山东麓冲积扇，生于沙地。分布于黑龙江、吉林、辽宁、河北、山西、内蒙古和新疆。

（3）洋葱 *Allium cepa* L.

多年生草本。鳞茎肥大，球形至扁球形，鳞茎外皮紫红色。叶圆筒状，中空，向上渐细，较花葶短。花葶粗壮，圆筒状，中空；伞形花序球形，多花；花梗近等长；花被片粉白色，具绿色中脉，卵状椭圆形；花丝等长，稍长于花被片，内轮花丝基部极为扩展，每侧各具 1 齿，外轮花丝锥形；子房近球形，基部具 3 个带盖的凹穴。花果期 5~7 月。

宁夏各地有栽培，原产亚洲西部。

（4）楼子葱 *Allium cepa* **L. var.** *proliferum* **Regel**

本变种与洋葱的主要区别在于鳞茎卵形至卵状矩圆形；伞形花序上具大量珠芽；花被片白色，具淡红色中脉。

宁夏同心县以南地区多栽培。河北、河南、陕西、甘肃省均有栽培。

（5）野葱 *Allium chrysanthum* **Regel**

多年生草本。鳞茎圆柱状至狭卵状圆柱形；鳞茎外皮红褐色至褐色，薄革质，常条裂。叶圆柱状，中空，比花葶短。花葶圆柱状，中空，下部被叶鞘；总苞2裂，近与伞形花序等长；伞形花序球状，具多而密集的花；小花梗近等长，略短于花被片至为其长的1.5倍，基部无小苞片；花黄色至淡黄色；花被片卵状矩圆形，钝头，外轮的稍短；花丝比花被片长1/4至1倍，锥形，无齿，等长，在基部合生并与花被片贴生；子房倒卵球状，腹缝线基部无凹陷的蜜穴1；花柱伸出花被外。花果期7~9月。

产宁夏固原市、海原县和罗山，生于海拔2000~2300m的山坡或草地上。分布于青海、甘肃、陕西、四川、湖北、云南和西藏。

（6）天蓝韭 *Allium cyaneum* Regel

多年生草本。具根状茎。鳞茎圆柱形，细长；鳞茎外皮暗褐色，老时破裂为纤维状，常呈不明显的网状。叶半圆柱状，上面具沟槽。花葶纤细，下部被叶鞘；总苞单侧开裂或 2 裂；伞形花序半球形，花 2 至多数，花梗无小苞片；花被片天蓝色或蓝紫色，卵状椭圆形或卵形，内轮花被片稍长；花丝等长，内轮花丝基部扩展成狭三角形，无齿；子房近球形或倒卵形，基部具 3 个凹穴。花期 8~9 月。

产宁夏六盘山、南华山及罗山，生于山坡、草地。分布于陕西、甘肃、青海、四川、西藏及湖北等。

（7）短齿韭 *Allium dentigerum* Prokh.

多年生草本。鳞茎圆柱状，丛生，鳞茎外皮灰白色。叶半圆柱状，长为花葶的 1/2。花葶圆柱状；伞形花序半球形至球形，多花；花梗近等长；花被片紫红色，外轮花被片卵形，内轮卵状椭圆形，先端钝圆，常有不规则小齿；花丝等长，略短于或等长于花被片，内轮花丝的中下部扩展成宽卵形，每侧各具 1 钝齿，外轮花丝锥形；子房倒卵球形。花期 8 月。

产宁夏六盘山，生于山坡草地。分布于陕西和甘肃。

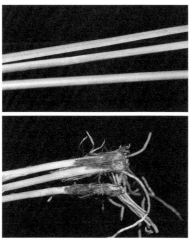

（8）贺兰韭 *Allium eduardii* Stearn

多年生草本。鳞茎圆柱状，丛生，鳞茎外皮黄褐色，破裂成纤维状，呈网状。叶半圆柱状，较花葶短，上面具纵沟。花葶圆柱状；伞形花序半球形，花较疏散；花梗近等长；花被片淡紫红色至紫色，椭圆状卵形至椭圆状披针形，内轮花被片较外轮稍长；花丝等长，略长于花被片，内轮花丝基部扩大，扩大部分长为花丝的 1/5~1/4，每侧各具 1 锐齿，外轮花丝锥形；子房近球形。花期 8 月。

产宁夏贺兰山，生于干旱山坡或草地。分布于河北、内蒙古和新疆。

（刘冰　拍摄）

（9）葱 *Allium fistulosum* L.

多年生草本。鳞茎圆柱状，单生，鳞茎外皮白色。叶圆筒状，中空，向顶渐细。花葶圆柱形，中空；伞形花序球形，多花；花梗近等长；花被片白色，近卵形，先端渐尖，具反折的尖头，外轮花被片稍短；花丝等长，长为花被片的 1.5~2.0 倍，锥形；子房倒卵形，基部具 3 个凹穴。花果期 4~7 月。

宁夏广为栽培，原产俄罗斯西伯利亚。全国各地均有栽培。

（10）阿拉善韭 *Allium flavovirens* Regel

多年生草本。鳞茎单生或 2~3 枚聚生，圆柱状，外皮黄褐色、褐色或深褐色，纤维状撕裂。叶半圆柱状，中空，上面具沟槽，与花葶近等长。花葶圆柱状，中下部被叶鞘；总苞 2 裂，具狭长喙，宿存；伞形花序球形，花多而密集或疏松；小花梗近等长，长为花被片的 1.5~2 倍；花白色或淡黄色；花被片矩圆形或卵状矩圆形，外轮稍短，背面淡紫红色；花丝等长，长为花被片的 1.5~2 倍，外轮的锥形，内轮的基部扩大，每侧各具 1 钝齿；子房近球形，基部具凹陷的蜜穴；花柱伸出。花期 8 月，果期 9 月。

产宁夏贺兰山，生于海拔 2000~2800m 山地石质山坡。分布于内蒙古。

（11）甘肃韭 *Allium kansuense* Regel.

多年生草本。具横走根状茎。鳞茎圆柱状，细长，数个簇生，外皮暗褐色，破裂成纤维状，不明显呈网状。叶半圆柱形，上面具沟槽，与花葶近等长。花葶圆柱状，下部被叶鞘；总苞单侧开裂或二裂；伞形花序半球形，具少数及多数花，松散或紧实。小花梗极短或近于无梗、近于相等短于花被，花天蓝色或淡蓝紫色；外轮花被片矩圆形，先端渐尖，内轮花被片矩圆状卵形，为花被片的 2/3，内轮花丝基部扩呈卵圆形，无齿，扩大部分为花丝的 2/3；子房近球形，基部具凹陷的蜜穴，花柱长于子房，不伸出花被外。花果期 6~9 月。

产宁夏贺兰山，生 2400~2900m 石质山坡和山脊石缝中。分布于青海、甘肃和内蒙古。

（12）对叶山葱 *Allium listera* Stearn

多年生草本。鳞茎近圆柱形，鳞茎皮淡灰棕色到微黑棕色，网状。叶片 2，叶片椭圆形或卵状椭圆形，基部圆形至心形。花葶单一；伞形花序球形，多花；花梗近等长；花被片白色，有时淡紫色，外轮花被片卵形，内轮花被片椭圆形；花丝基部稍扩展，无齿；子房 3 棱形。花期 5~7 月，果期 7~8 月。

产宁夏六盘山，生于林下、林缘、阴湿草地。分布于河北、山西、陕西、河南和安徽等。

（13）薤白 *Allium macrostemon* Bunge

多年生草本。鳞茎近球形，鳞茎外皮带黑色，纸质或膜质。叶半圆柱状或为三棱状半圆筒形，中空，较花葶短。花葶圆柱状；伞形花序半球形至球形，多花；花梗近等长；花被片淡红色或紫红色，内轮花被片卵状椭圆形，外轮花被片狭卵形至卵状长椭圆形，较内轮花被片稍狭；花丝等长，锥形，基部稍扩展，内轮花丝基部较外轮稍宽，为花被片长度的 1.5 倍；子房近球形，基部具 3 个带盖的凹穴。花期 6~7 月。

产宁夏贺兰山和六盘山，生于山坡、草地。除新疆、青海和海南之外，全国各地均有分布。

（14）蒙古韭 *Allium mongolicum* Regel

多年生草本。鳞茎圆柱形，鳞茎外皮黄褐色，破裂成松散的纤维状。叶圆柱形至半圆柱形，通常较花葶短。花葶粗壮；伞形花序球形或半球形，多花；花梗近等长；花被片淡红色至紫红色，外轮花被片卵形，内轮花被片卵状椭圆形或卵形；花丝等长，内轮花丝基部近1/2扩展成卵形或卵球形。花期7月。

产宁夏贺兰山及中卫、吴忠、平罗、盐池、灵武等市（县），生于沙地、沙砾地。分布于甘肃、辽宁、内蒙古、青海、陕西和新疆。

（15）碱韭 *Allium polyrhizum* Turcz. ex Regel

多年生草本。鳞茎圆柱形，丛生，鳞茎外皮黄褐色，破裂成纤维状，呈近网状。叶半圆柱形，较花葶短。花葶圆柱状；伞形花序半球形，多花；花梗等长；花被片淡紫红色或紫红色，内轮花被片椭圆形或卵状椭圆形，外轮花被片卵状椭圆形；花丝等长，较花被片稍长或等长，基部合生，内轮花丝分离部分基部扩展，每侧各具1尖齿，外轮花丝分离部分锥形；子房卵球形。花期7月。

产宁夏贺兰山及同心、吴忠、石嘴山等市（县），生于山坡草地、沟谷和干河床。分布于甘肃、河北、黑龙江、吉林、辽宁、内蒙古、青海、陕西、山西和新疆。

（16）青甘韭 *Allium przewalskianum* Regel

多年生草本。鳞茎柱状圆锥形，丛生，鳞茎外皮红棕色，破裂成纤维状，网状。叶半圆柱状至圆柱状。花葶圆柱状；伞形花序球形或半球形，多花；花梗近等长；花被片深紫红色，内轮花被片椭圆形或椭圆状披针形，外轮花被片狭卵形或卵形，稍短；花丝等长，内轮花丝下部扩展，扩展部分长为花丝近一半，每侧各具1尖齿，外轮花丝锥形；子房近球形。花期7~8月。

产宁夏贺兰山及六盘山，生于山坡、灌丛或草地。分布于甘肃、内蒙古、宁夏、青海、陕西、四川、新疆、西藏和云南。

（17）野韭 *Allium ramosum* L.

多年生草本。鳞茎近圆柱形，鳞茎皮暗黄色至黄褐色，破裂成纤维状、网状或近网状。叶三棱状线形，背面具隆起的纵棱，中空，较花葶短。花葶圆柱状；伞形花序半球形，多花；花梗近等长；花被片淡红色，具深紫色中脉，内轮花被片倒卵状长椭圆形或长椭圆形，外轮花被片披针状长椭圆形；花丝等长；子房倒卵球形，具3圆棱。花期7月。

产宁夏六盘山及贺兰山，生于山坡草地。分布于甘肃、河北、黑龙江、吉林、辽宁、内蒙古、青海、陕西、山东、山西和新疆。

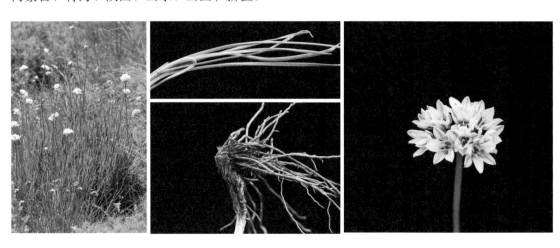

（18）蒜 *Allium sativum* L.

多年生草本。鳞茎球形至扁球形，由多数肉质、瓣状的小鳞茎紧密排列而成，外被数层白色至带紫色的膜质鳞茎外皮。叶宽线形至线状披针形，扁平，较花葶短。花葶圆柱状；伞形花序密具珠芽，间有数花；花被片常淡红色，披针形至卵状披针形，内轮的较短；花丝较花被片短，内轮花丝基部扩展，每侧各具1齿，齿端延伸成长丝状，长超过花被片，外轮花丝锥形；子房球形，花柱不伸出花被外。花期7月。

宁夏普遍栽培。原产亚洲西部或欧洲。我国南北各地普遍栽培。

（19）高山韭 *Allium sikkimense* Baker

多年生草本。鳞茎圆柱形，鳞茎外皮暗褐色，破裂成纤维状，下部近网状，稀条状破裂。叶狭线形，扁平。花葶圆柱状；伞形花序半球形；小花梗近等长；花被片天蓝色或紫蓝色，卵形或卵状椭圆形，内轮的边缘常具1至数个疏离的不规则小齿，且常较外轮花被片稍长而宽；花丝等长，长为花被片的1/2~2/3，内轮的基部扩展，有时每侧各具1齿；子房近球形。花果期7~9月。

产宁夏贺兰山和六盘山，生于林缘、灌丛或草地。分布于陕西、甘肃、青海、四川、云南、西藏等。

（20）雾灵韭 *Allium stenodon* Nakai & Kitag.

多年生草本。鳞茎狭卵状圆柱形，鳞茎外皮黑褐色至黄褐色，破裂成纤维状，有时略呈网状。叶线形，扁平，与花葶近等长，边缘向下反卷。花葶圆柱状；伞形花序多花；花梗近等长；花被片淡红色、淡紫色至紫色，内轮花被片卵状长椭圆形，外轮花被片卵形较内轮稍短；花丝等长，长为花被片的 1.5~2.0 倍，内轮花丝基部扩大，每侧具 1 齿片，齿片顶端常具 2 至数个不规则的小齿；子房卵形，基部具 3 个有盖的凹穴。花果期 8~10 月。

产宁夏六盘山和贺兰山，生于林下或山坡草地。分布于河北、河南、内蒙古和山西。

（21）辉韭 *Allium strictum* Schrad.

多年生草本。鳞茎圆柱形，鳞茎外皮黄褐色，破裂成纤维状，呈网状。叶线形，边缘光滑或具细糙齿。花葶圆柱状；伞状花序球形或半球形，多花；花梗近等长；花被片淡紫色至淡红色，内轮花被片椭圆形，外轮花被片卵状椭圆形，稍短于内轮；花丝与花被片等长或稍长，内轮花丝基部扩展，扩展部分宽大于高，每侧具 1 短齿，外轮花丝锥形；子房倒卵球形，基部具 3 个凹穴。花果期 7~9 月。

产宁夏香山及罗山，生于山坡、草地。分布于内蒙古、甘肃、新疆等。

（22）细叶韭 *Allium tenuissimum* L.

多年生草本。鳞茎近圆柱状，丛生，鳞茎外皮紫褐色至灰褐色，膜质。叶半圆柱状至近圆柱状，与花葶近等长，光滑。花葶圆柱状；伞形花序半球形，花梗近等长；花被片白色或淡红色，外轮花被片倒卵状矩圆形，内轮花被片倒卵状楔形；花丝等长，内轮花丝基部扩展为倒卵圆形，扩展部分长为花丝的近一半，外轮花丝下基部略扩展；子房卵形。花期7~8月。

产宁夏贺兰山、麻黄山、南华山及同心、中卫、贺兰、平罗等市（县），生于山坡、草地或沙丘上。分布于甘肃、河北、黑龙江、河南、江苏、吉林、辽宁、内蒙古、陕西、山东、山西、四川和新疆。

（23）韭 *Allium tuberosum* Rottler ex Spreng.

多年生草本。叶线形，扁平，实心，较花葶短。花葶圆柱状，常具2纵棱，下部被叶鞘；总苞单侧开裂或2~3裂；伞形花序半球形或近球形，多花；花梗近等长；花被片白色，具绿色或黄绿色中脉，内轮卵状长椭圆形，外轮狭卵形或卵状披针形；花丝等长，锥形，内轮花丝基部略宽于外轮花丝；子房倒卵球形。花期7月。

宁夏各地区广泛栽培。原产于山西。

（24）茖葱 *Allium victorialis* L.

多年生草本。鳞茎近圆柱形，鳞茎外皮褐色或黑褐色，破裂成网状纤维状。叶片2，倒卵状长椭圆形、长椭圆形或卵状长椭圆形，先端渐尖，基部楔形，且沿叶柄稍下延。花葶单一；伞形花序球形，多花；花梗近等长；花被片白色，有时淡紫色，外轮花被片卵形，内轮花被片椭圆形；花丝基部稍扩展，扁平，无齿；子房3棱形。花期5~7月，果期7~8月。

产宁夏六盘山，生于林下、林缘、阴湿草地。分布于黑龙江、吉林、辽宁、河北、山西、内蒙古、陕西、甘肃、四川、湖北、河南和浙江。

（25）白花薤 *Allium yanchiense* J. M. Xu

多年生草本。鳞茎狭卵形，鳞茎外皮污灰色，纸质，顶端纤维状。叶圆筒状，中空，较花葶短。花葶圆筒状，中空；伞形花序球形，多花；花梗近等长；花被片白色至淡红色，具淡红色中脉，内轮花被片椭圆形，先端钝圆，外轮花被片椭圆形，先端钝圆；花丝等长，长为花被片的1.5倍，锥形；子房倒卵形，基部具3个带盖的凹穴。花期7月。

产宁夏贺兰山及盐池、中宁、中卫等县，生于山谷阴湿处。分布于河北、内蒙古和甘肃。

三十八　天门冬科　Eucommiaceae

1. 知母属　*Anemarrhena* Bge.

知母 *Anemarrhena asphodeloides* Bge.

多年生草本。叶基生，线形，主脉明显，无毛。花葶圆柱形；总状花序顶生，2~6 朵花成一簇散生在花序轴上；花梗长短不等；花被片 6，线状长椭圆形，淡紫红色，内轮 3 片稍宽；雄蕊 3；子房卵形，向上渐狭成花柱。蒴果长卵形，具 6 纵棱。花期 6~7 月。

产宁夏罗山和彭阳县，生干旱草地或沙地上。分布于甘肃、贵州、河北、黑龙江、江苏、吉林、辽宁、内蒙古、陕西、山东、山西和四川。

2. 玉簪属　*Hosta* Tratt.

玉簪 *Hosta plantaginea* (Lam.) Aschers.

多年生草本。具粗壮根状茎。叶基生，叶片卵形或心状卵形，先端急尖，基部心形，全缘；具长柄。总状花序顶生，花梗下部具 1 叶状苞，苞片卵状椭圆形，先端长尾尖，内部具 1 小苞片；花白色，顶端 6 裂，裂片长椭圆形；雄蕊与花被等长或稍伸出；花柱常伸出花被外。蒴果圆柱形。花期 8~10 月。

宁夏见公园栽培。原产我国，分布于四川、湖北、湖南、江苏、安徽、浙江、福建和广东。

3. 天门冬属 *Asparagus* L.

（1）攀援天门冬 *Asparagus brachyphyllus* Trucz.

多年生攀缘草本。块根数个成簇，肉质，圆柱状。茎单一或 2~3 个丛生，常呈之字形弯曲；叶状枝 4~10 个成簇，近圆柱形，直伸或稍呈弧形，具纵棱，棱上具软骨质齿。花通常 2 朵腋生，花梗稍粗壮，中部稍上处具关节；花丝中部以下贴生于花被片上，花药黄色。长椭圆形。浆果红色。花期 5~6 月，果期 7~8 月。

产宁夏贺兰山、罗山和六盘山，生于向阳山坡、石缝或灌丛。分布于吉林、辽宁、河北和陕西。

（2）西北天门冬 *Asparagus breslerianus* Schult.f.

多年生攀缘草本。叶状枝 4~8 个成簇，扁圆柱形，略具几条纯棱，少具软骨质齿，直伸或稍弧曲。花 2~4 朵腋生，绿白色或淡紫红色；花梗关节位于上部或近花被基部，较少近中部；花丝中部以下贴生于花被片上，花药顶端具细尖。浆果红色。花期 5~6 月，果期 7~8 月。

产宁夏六盘山，生于山坡、荒地及石质河滩地。分布于新疆、青海和甘肃。

（3）兴安天门冬 *Asparagus dauricus* Link

直立草本。叶状枝每 1~6 枚成簇，通常全部斜立，和分枝交成锐角，很少兼有平展和下倾的，稍扁的圆柱形，略有几条不明显的钝棱，伸直或稍弧曲，有时有软骨质齿。花每 2 朵腋生，黄绿色。浆果。花期 5~6 月，果期 7~9 月。

产宁夏盐池县，生于海拔 2200m 以下的沙丘或干燥山坡。分布于黑龙江、吉林、辽宁、内蒙古、河北、山西、陕西、山东和江苏。

（4）羊齿天门冬 *Asparagus filicinus* Buch.-Ham. ex D.Don

多年生直立草本。纺锤状块根密集成簇。茎直立。叶状枝 2~6 个簇生，扁平，镰刀状或为稍弯曲的披针形，先端渐尖。花 1~2 朵腋生，淡绿色或紫色；花梗细长，中部稍上具关节；雄花花被片披针形；雄蕊花丝白色，离生。花期 5~6 月，果期 6~7 月。

产宁夏六盘山，生于林下或山谷阴湿处。分布于甘肃、贵州、河南、湖北、湖南、陕西、山西、四川、云南和浙江。

（5）戈壁天门冬 *Asparagus gobicus* N.A.Ivanova ex Grubov

半灌木。茎直立，灰白色，中部以下具条状剥落的白色薄膜，中上部强烈成之字形弯曲，具纵条棱；叶状枝 3~8 个成簇，近圆柱形，具纵棱，微具软骨质齿，较刚硬；鳞片状叶卵状披针形，基部具短距。花 1~2 朵腋生。浆果红色。花期 5 月，果期 6~7 月。

产宁夏贺兰山东麓，生于砾石滩地或沙质地。分布于内蒙古、陕西、甘肃和青海。

（6）长花天门冬 *Asparagus longiflorus* Franch.

草本。茎通常中部以下平滑，上部多少具纵凸纹并稍有软骨质齿，较少齿不明显；分枝平展或斜升，具纵凸纹和软骨质齿。叶状枝每 4~12 枚成簇，伏贴或张开，近扁的圆柱形，略有棱。花通常每 2 朵腋生，淡紫色。浆果熟时红色。

产宁夏六盘山，生于山坡、林下或灌丛中。分布于河北、山西、陕西、甘肃、青海、河南和山东。

（7）北天门冬 *Asparagus przewalskyi* **N. A. Ivanova ex Grubov & T. V. Egorova**

多年生草本。茎单生、2~3 个丛生或疏远生。叶状枝 3~8 个成簇，线形，扁平，具 1 条中脉，先端尖，光滑。鳞片状叶膜质，卵状披针形，先端渐尖，基部无刺。花通常 2 朵，生于茎下部的叶状枝腋中，花梗关节位于花梗近顶部；花冠钟形，绿白色；雄蕊 6。浆果红色。花期 6 月。

产宁夏贺兰山，生于山谷砾石干河床上。分布于内蒙古和青海。

4. 铃兰属　*Convallaria* L.

铃兰 *Convallaria majalis* L.

多年生草本。叶 2 片，叶片椭圆形或倒卵状长椭圆形，先端急尖，基部楔形，全缘。花葶直立，较叶短；总状花序顶生，具花约 10 朵；花被宽钟形，顶端 6 浅裂，裂片卵形，先端尖；雄蕊 6；子房卵形。浆果球形，红色。花期 5~6 月，果期 7~8 月。

产宁夏六盘山，生于林下阴湿处。分布于甘肃、河北、黑龙江、河南、湖南、吉林、辽宁、内蒙古、陕西、山东、山西和浙江。

5. 舞鹤草属　*Maianthemum* Weber.

（1）舞鹤草 *Maianthemum bifolium*(L.) F. W. Schmidt

多年生草本。茎直立，无毛或疏生糙毛。基生叶 1 片，狭卵形或卵状披针形，具长柄；茎生叶 2，稀 3，三角状卵形或三角状狭卵形，先端急尖或渐尖，基部心形；总状花序顶生；花单生或双生；花被片白色或淡黄色，卵状椭圆形，先端钝；雄蕊 4，花药卵形；子房宽卵形，花柱与子房近等长。浆果球形。花期 6 月，果期 7~8 月。

产宁夏贺兰山、罗山及六盘山，生杂木林下阴湿处。分布于甘肃、河北、黑龙江、吉林、辽宁、内蒙古、青海、陕西、山西、四川和新疆。

（2）管花鹿药 *Maianthemum henryi* (Baker) LaFrankie

多年生草本。茎单生，直立。叶 4~9 片，互生，叶椭圆形、卵状椭圆形、卵形或长椭圆形，先端渐尖或具短尖，基部圆形、楔形或微心形，全缘。总状花序，顶生；小花梗短；花被合生成高脚碟状，顶端 6 裂，裂片开展，三角状卵形；雄蕊 6，着生于花被筒喉部，花丝极短；子房卵形，柱头 3 裂。浆果球形，成熟时黑紫色。花期 6 月，果期 7~8 月。

产宁夏六盘山，生于杂木林下、林缘或阴湿山谷。分布于山西、河南、陕西、甘肃、四川、云南、西藏、湖南和湖北。

（3）合瓣鹿药 *Maianthemum tubiferum* (Batalin) LaFrankie

多年生矮小草本。茎直立，单一。叶 2~3 片，卵形或狭卵形，先端渐尖或急尖，基部圆形。总状花序顶生，花 2~5 朵；花被下部结合成杯状，花被裂片 6，卵形或椭圆形，顶端圆，具 1 脉；雄蕊 6，着生于花被筒喉部；子房卵形，花柱与子房近等长，柱头 3 裂。花期 5~6 月。

产宁夏六盘山，生于杂木林下、林缘或阴湿山谷。分布于陕西、甘肃、青海、四川和湖北。

6. 黄精属 *Polygonatum* Mill.

（1）卷叶黄精 *Polygonatum cirrhifolium* (Wall.) Royle

多年生草本。根状茎粗短，念珠状，黄白色。茎直立，具纵棱。叶 4~7 个轮生，狭披针形或线状披针形，先端长渐尖，顶端卷成钩状或拳卷，基部楔形，全缘，中肋明显。花双生叶腋；花被淡紫色，顶端 6 裂，裂片卵状椭圆形；雄蕊 6，着生于花被筒中部以上，花丝短；子房卵形，花柱与子房等长。浆果球形。花期 5~6 月。

产宁夏六盘山，生于林下、草地或灌丛。分布于陕西、甘肃、青海、四川、云南、西藏。

（2）细根茎黄精 *Polygonatum gracile* P. Y. Li

多年生草本。根状茎横走，较细长，肉质。茎直立。叶 1~3 轮，顶端 1 轮具 6~7 个叶片，下面 1~2 轮各具 3 个叶片，叶片线状长椭圆形，先端尖，基部渐狭，全缘。花通常双生叶腋，花被顶端 6 裂，裂片卵形，顶端钝；雄蕊 6，着生于花被筒中部；子房卵形，花柱与雄蕊等长。浆果球形。花期 5~6 月，果期 7~8 月。

产宁夏六盘山，生灌木林下。分布于陕西、山西和甘肃。

（3）热河黄精 *Polygonatum macropodum* Turcz.

多年生草本。根状茎粗壮，圆柱形。茎直立或斜片。叶互生，叶片卵形、卵状椭圆形至椭圆状披针形，先端渐尖。花序叶腋生，近伞房状，具 4~12 朵花；小花梗无苞片或微小钻形；花被白色或带红色；花丝着生于花冠筒近中部，具 3 狭翅。浆果深蓝色。花果期 6~9 月。

产宁夏贺兰山，生于海拔 2000~2500m 的山地林下、林缘或沟谷。分布于辽宁、内蒙古、河北、山西、山东。

（周繇 拍摄）

（4）大苞黄精 *Polygonatum megaphyllum* P. Y. Li

多年生草本。根状茎具节和圆盘状印痕。茎直立，单一；叶互生，叶片卵形或卵状椭圆形，先端渐尖，基部圆形。小花梗成对，在下部 1~2 个叶腋内单生，基部或末端有 4 枚叶状苞片，苞片卵状披针形，先端钝；花双生，下垂；花被淡绿色，花冠裂片，先端内弯；雄蕊着生于花被筒中部；花柱长为子房的 2~3 倍，不伸出花冠筒。花期 5~6 月。

产宁夏六盘山，生于山坡林下。分布于甘肃、陕西、湖北、山西和四川。

（5）玉竹 *Polygonatum odoratum*(Mill.) Druce

多年生草本。根状茎横走，肉质，黄白色，圆柱形，节痕明显，散生细弱须根。茎直立；叶互生，椭圆形、卵状椭圆形或卵状长椭圆形，先端渐尖或急尖，基部近圆形至宽楔形，全缘。花单一或双生叶腋；花被黄绿色至白色，顶端 6 裂，裂片卵形，先端钝；雄蕊 6；子房长椭圆形，与雄蕊等长。浆果球形，成熟时黑色。花期 5~6 月，果期 7 月。

产宁夏贺兰山、罗山和六盘山，生林下、林缘或灌丛。分布于东北、华北及陕西、甘肃、青海、山东、河南、湖北、湖南、安徽、江西、江苏、台湾等。

（6）黄精 *Polygonatum sibiricum* Redouté

多年生草本。根状茎横走，肉质，黄白色，节部膨大。茎直立。叶 4~6 片轮生，线状披针形，先端长渐尖，弯曲成钩或拳卷，基部楔形，全缘，中脉稍明显。花双生叶腋；花被绿白色，顶端 6 裂，裂片矩圆形；雄蕊 6，着生于花被筒中部；子房卵形，花柱与雄蕊近等长。浆果球形，成熟时黑色。花期 5~6 月，果期 6~7 月。

产宁夏六盘山、贺兰山、香山和罗山，生于林缘、林缘或沟边灌丛。分布于东北、华北及陕西、甘肃、河南、山东、安徽、浙江等。

（7）轮叶黄精 *Polygonatum verticillatum*(L.) All.

多年生草本。根状茎肉质。茎直立。叶常 3 片轮生，间或有对生或互生，披针形至线状披针形，先端渐尖，基部楔形，全缘，中肋明显。花单生或双生叶腋；花被黄白色或淡紫色，顶端 6 裂；雄蕊 6，着生于花被筒中部以上；子房卵状长圆形，花柱与子房近等长。浆果球形，成熟后黑色。花期 5~8 月，果期 7~9 月。

产宁夏六盘山，生于林下或林缘。分布于山西、内蒙古、陕西、甘肃、青海、四川、云南和西藏。

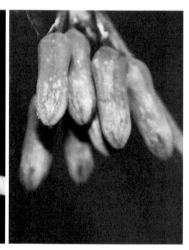

（8）湖北黄精 *Polygonatum zanlanscianense* **Pamp.**

多年生草本。根状茎肉质，念珠状或块茎状。茎直立，具条棱，中部以上具叶。叶 4~7 个轮生，叶线状披针形或披针形，先端长渐尖且稍弯曲至拳卷，基部楔形，全缘，无柄。花序叶腋生，花序通常具 4 朵花；花被绿白色，顶端 6 裂；雄蕊 6，着生于花被筒中部，花丝极短；子房卵圆柱形，花柱与雄蕊等长。浆果球形，成熟后黑色。花期 5~6 月，果期 7 月。

产宁夏六盘山，生于林下。分布于甘肃、广西、贵州、河南、四川、陕西、江西、江苏、湖南、湖北和浙江。

三十九　香蒲科　Typhaceae

1 黑三棱属　*Sparganium* L.

黑三棱 *Sparganium stoloniferum* **(Buch.-Ham. ex Graebn.) Buch.-Ham. ex Juz.**

多年生水生或沼生草本。茎直立，挺水。叶片具中脉，上部扁平，下部背面呈龙骨状凸起，或呈三棱形，基部鞘状。圆锥花序开展，具 3~7 个侧枝，每个侧枝上着生 7~11 个雄性头状花序和 1~2 个雌性头状花序，主轴顶端通常具 3~5 个雄性头状花序。果实倒圆锥形，具棱，褐色。花果期 5~10 月。

产宁夏引黄灌区，生于湖泊、沟渠、水田或水塘边浅水处。分布于黑龙江、吉林、辽宁、内蒙古、河北、山西、陕西、甘肃、新疆、江苏、江西、湖北、云南等地。

2 香蒲属 *Typha* L.

（1）水烛 *Typha angustifolia* L.

多年生草本。茎直立，圆柱形。叶线形，基部扩展成鞘，开裂，抱茎。雌雄花序相离；雌花序长圆柱形，有时雌花序断离；雌花具小苞片，小苞片与基部的白色柔毛等长；子房椭圆形或长椭圆形，花柱稍长于基部白色柔毛。花期 6~7 月，果期 8~9 月。

产宁夏引黄灌区，生于池沼或积水湿地。南北各地均有分布。

（2）达香蒲 *Typha davidiana* (Kronf.) Hand.-Mazz.

多年生草本。茎直立，圆柱形。叶线形，基部扩展成鞘状，开裂，两边重叠抱茎，鞘口膜质。雌雄花序相离；雌花序椭圆形或椭圆状圆柱形；雌花无小苞片；子房椭圆形，花柱，柱状匙形，基部的白色柔毛稍短于柱头。花期 6~7 月，果期 8~9 月。

产宁夏引黄灌区，生于沼泽及池塘边缘或沟边。分布于东北、华北及陕西、甘肃、新疆、四川、江苏、浙江等。

（3）长苞香蒲 *Typha domingensis* Persoon.

多年生草本。茎直立。叶线形，基部鞘状抱茎，开裂，鞘口膜质。雌雄花序相离；雌花的小苞片与柱头等长；柱头线状矩圆形，长于基部的白色柔毛。花期 6~7 月，果期 8~9 月。

产宁夏引黄灌区，生于池沼或沟边。分布于东北、华北、华东及四川、河南、陕西、甘肃、新疆等。

（4）小香蒲 *Typha minima* Funck ex Hoppe

多年生草本。茎直立，细瘦。茎生叶具叶片，叶片狭线形。雌雄花序相离；雌花序椭圆形，雌花具小苞片，小苞片与基部白色柔毛近等长，花柱稍长于基部白色柔毛。花期 6~7 月，果期 8~9 月。

产宁夏引黄灌区，生于沼泽、沟渠及积水湿地，分布于甘肃、河北、黑龙江、河南、湖北、吉林、辽宁、内蒙古、陕西、山东、山西、四川和新疆。

四十　莎草科　Cyperaceae

1. 扁穗草属　*Blysmus* Panz.

华扁穗草 *Blysmus sinocompressus* Tang et F.T.Wang

多年生草本。具根状茎。秆直立，丛生，扁三棱形，基部具褐色的残存叶鞘，秆下部生叶。叶通常短于秆，平展或内卷，边缘疏具细小齿。苞叶较花序短或稍长。穗状花序单一，顶生，长圆形或狭长圆形，扁形；小穗 3~10 余个，排列成两行或近两行密集，最下部 1~3 个小穗较疏远，卵状披针形、卵形或长椭圆形；鳞片近两行排列，长卵圆形，先端急尖，锈褐色，膜质，背部具 3~5 条脉，中脉龙骨状突起，绿色；下位刚毛 3~6 条，卷曲，长约为小坚果的 3 倍，具倒生刺；雄蕊 3，花药狭长圆形，顶端具短尖；柱头 2，长为花柱的 2 倍。小坚果宽倒卵形，平凸状，深褐色。花果期 6~9 月。

产宁夏贺兰山及六盘山，生于林下阴湿处或沼泽地。分布于华北及陕西、甘肃、青海、四川、云南、西藏等。

2. 蔺藨草属　*Trichophorum* Pers.

（1）双柱头藨草 *Trichophorum distigmaticum* (Kük.) T. V. Egorova

多年生草本。具细长匍匐根状茎。秆直立，圆柱形，纤细，密丛生，具纵棱，基部具褐色残存叶鞘。叶基生，叶鞘与叶片等长或稍长，平滑，顶端具短的膜质叶舌，叶片钻形。小穗单一，顶生，卵形或狭卵形，具少数花；鳞片卵形，先端钝，浅棕色，背部具 3 条脉；下位刚毛缺；具 3 个不发育雄蕊；花柱细长，柱头 2。小坚果倒卵状椭圆形，平凸状，熟时黑色。花果期 7~8 月。

产宁夏引黄灌区，生于池沼边缘或沼泽地。分布于甘肃、青海、陕西、四川、云南和西藏。

（2）矮针蔺 *Trichophorum pumilum* (Vahl) Schinz & Thell.

多年生草本。匍匐根状茎细长，具膜质鳞片。秆直立，丛生，圆柱形，纤细，具纵沟棱。基部具 2~3 个叶鞘，叶鞘棕褐色，最上部一个叶鞘具叶舌和叶片；叶舌膜质；叶片细，内卷。小穗单生秆顶，卵形或椭圆形，具少数花；鳞片卵形或椭圆形，先端钝，背部具 1 条黄绿色中脉，两侧浅棕色，边缘膜质，最下 2 个鳞片内无花，其余鳞片各具 1 两性花；下位刚毛缺；雄蕊 3，花药线状长椭圆形，药隔在顶端稍突出；柱头 3，与花柱等长或稍长。小坚果倒卵状椭圆形，三棱形。花果期 5~6 月。

产宁夏南华山，生于沟边。分布于甘肃、河北、内蒙古、四川、新疆、西藏等。

3. 薹草属 *Carex* L.

（1）团穗薹草 *Carex agglomerata* C. B. Clarke

多年生草本。秆丛生，锐三棱形，棱上粗糙，下部生叶，基部具淡红色或褐色叶鞘。叶片扁平，短于秆，边缘粗糙。小穗 3~4 个，无梗，接近或基部 1 个小穗稍疏远而具短梗，顶生小穗雌雄顺序，倒卵状矩圆形，雄花较少，侧生小穗雌性，椭圆形；苞片叶状，与花序等长或稍长，边缘粗糙，无鞘；雌花鳞片卵状披针形，先端渐尖，具短芒尖，淡黄褐色，中脉在背面明显凸起，脉上粗糙；果囊卵状披针形，扁三棱形，黄褐色，先端渐狭成长喙，喙口具 2 齿。小坚果倒卵状椭圆形或倒卵形，三棱状；花柱长，基部不增大，柱头 3。花果期 5~6 月。

产宁夏六盘山，生于林下或山谷阴湿处。分布于陕西、甘肃、青海和四川。

（2）干生薹草 *Carex aridula* V.I.Krecz.

多年生草本。秆丛生，直立，细弱，扁三棱形，上部粗糙，下部生叶，基部具紫褐色细裂成网状的残存叶鞘。叶片扁平或外卷，较秆短，宽约 1mm，边缘粗糙。小穗 2~3 个，顶生小穗雄性，棒状，侧生小穗雌性，矩圆形或球形，上 1 个雌小穗与雄小穗接近，下 1 个稍疏远，无梗；苞片鳞片状，褐色，边缘膜质，最下 1 片刚毛状，无鞘；雌花鳞片宽卵形，先端尖，褐色，具 1 脉，边缘宽膜质；果囊倒卵圆形，膨胀，钝三棱形，褐绿色，无脉，顶端急缩成短喙，喙口白色，斜裂。小坚果倒卵形，三棱形；柱头 3。花果期 5~7 月。

产宁夏贺兰山、中卫香山及六盘山，生于高山草地。分布于内蒙古、甘肃、青海、西藏等。

（3）白山薹草 *Carex canescens* L.

多年生草本。秆丛生，直立，锐三棱形，上部粗糙，基部具棕褐色残存叶鞘。叶片扁平，通常短于秆，表面中脉凹陷，背面隆起。穗状花序稍稀疏，具 4~6 个小穗。苞片刚毛状，短于花序；小穗球形或卵圆形，具少数花，雌雄顺序；雌花鳞片宽卵形，先端尖，淡黄褐色，中肋在背面明显隆起，边缘宽膜质。果囊卵形，平凸状，膜质，带褐色，常密具小点，具 5~7 条淡褐色细脉，先端具短喙，喙口具 2 齿，基部具短柄。小坚果卵圆形，双凸状，褐色；柱头 2。花果期 6~8 月。

产宁夏六盘山，生于林缘或湿地。分布于黑龙江、吉林、内蒙古、新疆。

（4）扁囊薹草 *Carex coriophora* Fisch. et C.A.Mey. ex Kunth

多年生草本。秆直立，三棱形，平滑，下部生叶，基部具棕褐色稍细裂的残存叶鞘。叶片扁平，短于秆，平滑或上部边缘稍粗糙。小穗 3~5 个，疏远，顶生小穗雄性，矩圆状圆柱形，侧生小穗雌性，矩圆形，小穗具梗；苞片叶状，短于花序，边缘粗糙，具长鞘；雌花鳞片卵形或卵状椭圆形，先端渐尖，中部淡黄色，具 3 脉，两侧淡褐色，具狭膜质边缘；果囊长椭圆形，极压扁三棱状，上部褐色，下部黄褐色，边缘色淡，上部边缘疏生小刺毛，先端急缩成短喙，喙口白色，斜裂。小坚果长圆形或倒卵状长圆形，三棱状或略双凸状，黄褐色；柱头 3。花果期 5~7 月。

产宁夏贺兰山，生于低洼湿地草地上。分布于甘肃、河北、黑龙江、内蒙古、青海和陕西。

（5）签草 *Carex doniana* Spreng.

多年生草本。具细长匍匐根状茎。秆较粗壮，扁三棱形，粗糙，叶生至中部以上，基部具黄棕色叶鞘。叶片长于秆，边缘粗糙。小穗 3~7 个，顶生小穗雄性，线状圆柱形，侧生小穗雌性，圆柱形，上部雌小穗无梗或近无梗，基部小穗具短梗；苞片叶状，长于花序，边缘及背面中肋上粗糙，无鞘；雌花鳞片卵形或卵状椭圆形，先端尾尖，背面中肋绿色，边缘宽膜质，具短缘毛；果囊狭卵形，膨胀三棱形，淡绿色，脉明显，先端渐狭为中等长的喙，喙口具 2 齿。小坚果倒卵形，具三棱；花柱基增大，柱头 3。花果期 5~7 月。

产宁夏六盘山，生于林下或山谷水边。分布于福建、广东、广西、湖北、江苏、陕西、四川、台湾、云南和浙江。

（6）细叶薹草 *Carex duriuscula* subsp. *stenophylloides* (V. I. Krecz.) S. Yun Liang & Y. C. Tang

多年生草本。秆丛生，钝三棱形，具纵棱，基部具褐色或浅棕色残存叶鞘，有时细裂成纤维状。叶片扁平或内卷成针状，短于或长于秆，两面近平滑，边缘粗糙。穗状花序卵形或矩圆形；小穗 3~7 个，密集，卵形，雄雌顺序；雄花鳞片长椭圆形，先端尖，棕褐色，边缘宽膜质；雌花鳞片卵形或宽卵形，先端尖，背部淡褐色，具 1 条明显隆起的脉，边缘宽膜质；果囊卵形或卵状椭圆形，平凸状，革质，淡褐色或紫褐色，具多数脉，顶端渐狭成喙，喙口膜质，具 2 齿，基部具短柄。小坚果卵形，褐色，双凸状，柱头 2。花果期 4~7 月。

宁夏全区普遍分布，生于田边、路旁、荒地及沙质地。分布于甘肃、内蒙古、陕西、新疆、西藏。

（7）箭叶薹草 *Carex ensifolia* Turcz. ex Ledeb.

多年生草本。秆直立，细瘦，微粗糙或近平滑，基部具褐色叶鞘。叶片扁平或边缘微向后卷，短于秆。小穗 2~5 个，接近，下部较远离，顶生小穗雄性，矩圆状圆柱形，侧生小穗雌性，矩圆形或圆柱形，基部小穗具长梗，其余小穗近无梗；苞片刚毛状，短于花序，无鞘；雌花鳞片矩圆状披针形，黑紫色，先端钝或锐尖，边缘狭膜质，果囊椭圆形或卵状椭圆形，平凸状或双凸状，与鳞片近等长而宽鳞片 1 倍，下部淡褐色，上部紫黑色，脉不明显，表面具瘤状小突起，顶端急缩成短喙，喙口截形。小坚果宽倒卵形，柱头 2。花果期 6~7 月。

产宁夏六盘山及贺兰山，生于山坡草地或潮湿地。分布于新疆、甘肃等。

（8）点叶薹草 *Carex hancockiana* **Maxim.**

多年生草本。秆直立，纤细，上部粗糙，下部平滑，中部以下生叶，基部具紫褐色细裂为网状的残存叶鞘。叶片扁平，与秆等长或长于秆，先端渐尖，两面平滑，边缘粗糙。小穗3~5个，稍接近，矩圆形或矩圆状圆柱形，顶生小穗雌雄顺序，基部具少数雄花，其余小穗雌性，小穗具细梗；苞片叶状，基部1个较花序长，无鞘；雌花鳞片卵形或卵状披针形，先端渐尖，紫褐色，具3脉，边缘狭膜质；果囊倒卵状椭圆形或椭圆形，膨胀三棱形，黄绿色，脉不明显，先端具短喙，喙口具2齿；小坚果倒卵形，三棱形，黄绿色，光滑；柱头3。花果期5~7月。

产宁夏贺兰山及六盘山，生于山谷水边或林下湿地。分布于东北、华北及陕西、甘肃、四川等。

（9）异穗苔草 *Carex heterostachya* **Bunge**

多年生草本。秆直立，锐三棱形，平滑或上部粗糙。叶片扁平，短于秆或与秆近等长，上部边缘及背面中肋上粗糙。小穗3~5个，顶生小穗雄性，线状圆柱形，侧生小穗雌性，有时上部1个侧生小穗的上端具少数雄花而成雄雌顺序，矩圆形或长椭圆形，上部小穗接近，无梗，基部1个小穗疏远，距离达4cm，具短梗；苞片叶状，短于花序，边缘粗糙，具短鞘；雌花鳞片卵形，先端渐尖或具短尖头，紫褐色，具1脉，具狭膜质边缘，有时中肋上粗糙；果囊椭圆形或卵状椭圆形，膨胀三棱形，褐色，上部渐狭成短喙，喙口具2齿。小坚果倒卵状椭圆形，三棱形；柱头3。花果期5~6月。

产宁夏固原市，生于路边、荒地。分布于东北及山东、河北、山西、河南和陕西。

（10）无穗柄薹草 *Carex ivanoviae* T.V.Egorova

多年生草本。秆直立，纤细，近圆柱形，具纵条棱，平滑，下部生叶，基部具褐色细裂成网状的残存叶鞘。叶片短于秆或与秆近等长，内卷成针状，边缘粗糙。小穗 2~4 个，接近，顶生小穗为雄小穗，矩圆状圆柱形或圆柱形，其余小穗雌性，矩圆形或卵状椭圆形，基部小穗具短梗，上部小穗无梗或近无梗；苞片刚毛状，基部 1 个较花序短或近等长，具鞘；雌花鳞片卵形，暗褐色，先端渐尖，边缘狭膜质，具 3 脉，果囊椭圆形或卵状椭圆形，扁三棱形或略双凸形，上部红褐色，下部黄绿色，先端急缩为长喙，喙口具 2 齿，白色，微粗糙。小坚果椭圆形，三棱形，黄绿色，光滑；柱头 3。花果期 5~6 月。

产宁夏南华山，生于山坡草地。分布于青海和西藏。

（周鑫鑫 拍摄）

（11）黄囊薹草 *Carex korshinskyi* (Kom.) Malyschev

多年生草本。秆密丛生，纤细，扁三棱形。叶短于或等长于或稍长于秆，稍坚挺，上面和边缘粗糙，具叶鞘。苞片鳞片状，最下面的苞片顶端有的具长芒。小穗 2~3 (4) 个，上面的雌小穗靠近雄小穗，最下面的雌小穗稍远离，顶生小穗为雄小穗，棒形或披针形，无柄；其余小穗为雌小穗，卵形或近球形，密生几朵至 10 余朵花，无柄。雄花鳞片披针形，顶端急尖或钝，膜质，淡黄褐色，边缘白色透明，具 1 条中脉；雌花鳞片卵形，顶端急尖，褐色，边缘白色透明，具 1 条中脉。果囊斜展，后期稍叉开，椭圆形或倒卵形，鼓胀三棱形，革质，鲜黄色，平滑，具光泽，顶端急缩为很短的喙，喙口斜截形或微缺。小坚果紧包于果囊内，椭圆状三棱形，灰褐色。花果期 7~9 月。

产宁夏贺兰山，生于海拔 2000~2400m 的山坡或林缘草地。分布于黑龙江、辽宁、内蒙古、陕西、甘肃、新疆。

（12）大披针薹草 *Carex lanceolata* Boott

多年生草本。秆密丛生，纤细，三棱形，上部棱上粗糙，下部生叶，基部具暗褐色细裂为纤维状的叶鞘。叶片扁平，长于秆或与秆等长，顶生小穗雄性，线状披针形，其余小穗雌性，矩圆形，具少而疏的花，小穗具梗，最上 1 个雌小穗与顶生小穗接近或近等高，其余小穗疏远；苞片佛焰苞状，膜质，具锈色纵条纹；雌花鳞片卵形，先端渐尖，背部具 1 条脉，两侧锈褐色，边缘宽膜质；果囊倒卵状椭圆形或倒卵形，三棱形，具明显凸起的脉，密被短柔毛，先端无喙，喙口截形，基部渐狭成短柄。小坚果倒卵形或倒卵状椭圆形，三棱形；花柱基稍增大，柱头 3。花果期 6~7 月。

产宁夏贺兰山，生于林缘草地。分布于东北、华北、西北、华东、华中及四川、贵州等。

（13）膨囊薹草 *Carex lehmannii* Drejer

多年生草本。秆直立，纤细，三棱形，下部生叶，基部具紫褐色叶鞘。叶片短于秆，扁平，柔软。小穗 3~4 个，接近，顶生小穗雌雄顺序，其余的为雌性，卵形或长圆形，顶生小穗具短梗，下部小穗具细长梗；苞片叶状，下部 1 个长于花序，无鞘；雌花鳞片小型，宽卵形，先端钝或急尖，黑紫色，具 1~3 脉；果囊倒卵形或倒卵状椭圆形，膨胀，三棱形，淡黄绿色，具脉，先端急尖为棕色或黑紫色短喙，喙口截形或微凹。小坚果倒卵形，有 3 棱；花柱短，基部不膨大，柱头 3。花果期 6~8 月。

产宁夏贺兰山、罗山和六盘山，生于林下或山坡草地。分布于山西、河南、湖北、陕西、甘肃、青海、四川、云南、西藏等。

（14）二柱薹草 *Carex lithophila* Turcz.

多年生草本。秆直立，锐三棱形，基部具褐色残存叶鞘。叶短于秆或近等长，边缘粗糙。穗状花序矩圆形或圆柱形，小穗多数，密集；通常上部小穗和下部小穗雌性，中部小穗雄性，稀雄雌顺序；雄小穗椭圆形，较小，雌小穗卵形至矩圆形，基部小穗具刚毛状苞片；雌花鳞片卵形，淡褐色，先端尖，具 3 条脉，边缘宽膜质；果囊卵形或卵状披针形，平凸状，麦秆黄色，具多数细脉，边缘具狭翅，翅缘具细小齿，顶端具喙，喙口具 2 尖齿，锈色，口下部具折。小坚果椭圆形；花柱基稍增大，柱头 2。花果期 6~7 月。

产宁夏六盘山，生于山谷河边。分布于甘肃、河北、黑龙江、吉林、辽宁、内蒙古、陕西、山东、山西、新疆。

（15）长嘴薹草 Carex longerostrata C. A. Mey.

多年生草本。秆丛生，扁三棱形，上部微粗糙，基部叶鞘最初淡绿色，后深棕色分裂成纤维状。苞片短叶状，短于花序，具鞘。小穗2个，少有3个，顶生1个雄性，棍棒状，花密生；侧生小穗雌性，卵形或长圆形，具6~10多朵花；小穗柄短。雄花鳞片长圆形，顶端凹，具芒，锈色；雌花鳞片狭椭圆形或披针形，顶端截形或钝，淡锈色，背面3条脉绿色，向顶延伸成粗糙的芒。果囊稍长于鳞片，斜展，倒卵形，钝三棱形，膜质，绿色或淡棕色，被疏柔毛，具多条脉，中部以下渐狭，先端急缩成长喙，喙口具2长齿。小坚果紧包于果囊中，倒卵形，钝三棱形，具短柄，下部棱面凹；花柱基部稍膨大，弯曲，宿存，柱头3个。花果期5~6月。

产宁夏六盘山，生于1250~2430m的山坡草丛或林下。分布于黑龙江、吉林、辽宁、河北、山西、陕西。

（16）云雾薹草 Carex nubigena D. Don ex Tilloch & Taylor

多年生草本。秆直立，纤细，锐三棱形，基部具褐色残存叶鞘。叶短于秆或长于秆，狭线形，边缘粗糙，叶鞘具锈色小点或不显。穗状花序长圆状圆柱形或圆柱形；小穗8~14个，紧密，有时下部间断，卵形或椭圆形，雄雌顺序；苞片叶状，最下1~2片超过花序；雌花鳞片卵形，先端渐尖，淡绿色，具1条绿色中肋，边缘膜质；果囊卵状披针形，平凸状，淡绿色，具多数细脉，全部边缘具狭翅，先端渐狭成喙，喙口具2齿。小坚果长圆形，淡褐色；柱头2。花果期5~8月。

产宁夏六盘山，生于林缘、山坡路边或河谷湿地。分布于重庆、甘肃、贵州、湖北、陕西、四川、台湾、西藏、云南等。

（17）豌豆形薹草 *Carex pisiformis* Boott

多年生草本。根状茎短。秆丛生，扁三棱形，纤细，下部生叶，基部具暗褐色细裂成纤维状的残存叶鞘。叶片扁平，较秆短，边缘粗糙。小穗 2~4 个，疏远，顶生小穗雄性，线状圆柱形，鳞片苍白色；侧生小穗雌性，矩圆形至圆柱形，具短梗；苞片叶状，具长鞘，短于或近等长于花序；雌花鳞片倒卵状椭圆形，先端圆，具芒尖，中间绿色，两侧苍白色；果囊卵形或卵状椭圆形，较鳞片长，略三棱形，具多数脉，被短毛，先端渐狭为中等长的喙，喙口具 2 齿。小坚果倒卵状椭圆形，具三棱；柱头 3。花果期 5~7 月。

产宁夏六盘山，生于林下或山谷草地。分布于安徽、辽宁、河北和山东。

（18）丝引薹草 *Carex remotiuscula* Wahlenb.

多年生草本。秆丛生，细弱，锐三棱形，上部棱上粗糙，下部平滑，基部生叶。叶较秆短或与秆等长，扁平，中脉在背面明显隆起，边缘粗糙。穗状花序具 5~7 个小穗，稀疏，下部间距长可达 5cm；苞片叶状，下部 1 个远较花序为长，长可达 17cm，中部的与花序近等长，无鞘，上面微粗糙，边缘粗糙；小穗宽卵形或卵形，淡灰绿色，雌雄顺序，雄花少

数，雌花稍多；雌花鳞片卵状椭圆形，先端渐尖，背部淡灰绿色，中脉在背面明显隆起，边
缘宽膜质，粗糙；果囊卵状披针形，平凸状，具多数细脉，先端渐狭成长喙，喙口具 2 尖
齿，基部具短柄，全部边缘具狭翅，翅的上部边缘具细齿。小坚果长圆形，平凸状，淡黄褐
色，平滑；花柱基稍增大，柱头 2，花果期 6~7 月。

产宁夏六盘山，生于山谷湿地。分布于东北及河北、河南、陕西、甘肃、四川、云南、
西藏等。

（19）书带薹草 *Carex rochebrunii* Franch. & Sav.

多年生草本。秆丛生，细弱，三棱形，中部以下生叶，基部具深褐色残存叶鞘。叶片
扁平，短于秆，柔软，边缘粗糙。穗状花序稀疏，具 6~10 个小穗；苞片叶状，下部的长于
花序，不具鞘，边缘粗糙；小穗长圆形至长椭圆状圆柱形，具较多的花，雌雄顺序；雌花鳞
片狭卵形或卵形，先端尖，背部具 1 条脉，中部绿色，两侧白色膜质；果囊卵状披针形，平
凸状，淡黄绿色，具多数细脉，先端渐狭成长喙，喙口具 2 小齿，基部具短柄，全部边缘具
狭翅，上部翅缘具细齿。小坚果椭圆形，淡褐色；柱头 2。花果期 6~8 月。

产宁夏六盘山，生于林缘草地或水边上。分布于安徽、甘肃、广西、贵州、河南、湖
北、湖南、江苏、陕西、山西、四川、台湾、云南、浙江。

（20）大理薹草 Carex rubrobrunnea C. B. Clarke var. *taliensis* (Franch.) Kuk.

多年生草本。秆直立，三棱形，平滑，基部具褐色残存叶鞘。叶多数，扁平，长于秆，边缘粗糙。小穗4~6个，接近，排列成帚状；顶生小穗雄性或雌雄顺序，侧生小穗雌性，线状圆柱形，无柄或最下1个小穗具短柄；苞片叶状，无鞘，下部的长于花序；雌花鳞片狭披针形，先端渐尖，具芒尖，背面中部黄绿色，具1脉，两侧紫红色。果囊椭圆形，扁而双凸状，较鳞片短而宽，淡绿色，具褐色小点，先端急狭为长喙，喙口白色，具2齿。小坚果卵形，双凸状，褐色；柱头2，长为果囊的2倍。花果期4~6月。

产宁夏六盘山，生于林下或山坡谷水边。分布于陕西、甘肃、浙江、江西、广西、湖北、四川、云南等。

（21）糙喙薹草 Carex scabrirostris Kük.

多年生草本。秆纤细，钝三棱形，光滑，下部生叶，基部具褐色细裂为丝状的残存叶鞘。叶短于秆，扁平，边缘粗糙。小穗3~4个，疏远，上部1~2个小穗雄性，线形，其余小穗雌性，狭长圆形，小穗具梗；苞片短叶状，短于或近等于自身所抱小穗，具长鞘；雌花鳞片卵形或狭卵形，先端渐尖，具短尖头，紫褐色，具1脉，边缘狭膜质；果囊披针形，略扁三棱状，上部紫褐色，下部黄褐色，脉不明显，先端渐狭成长喙，两侧具短硬毛，喙口白色，斜裂。小坚果倒卵状椭圆形，扁三棱状；柱头3。花果期6~8月。

产宁夏六盘山，生于低洼湿地。分布于陕西、甘肃、青海、四川和西藏。

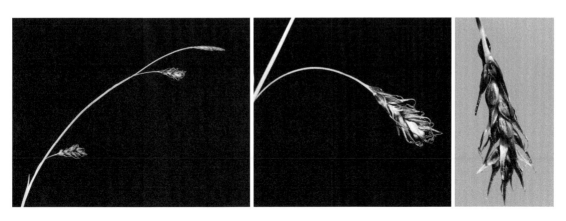

（22）川滇薹草 *Carex schneideri* Nelmes

多年生草本。秆较粗壮，锐三棱形，上部棱上粗糙，下部生叶，基部具紫褐色细裂成网状的残存叶鞘。叶片平展，短于秆，边缘粗糙。小穗 4~5 个，接近，仅基部 1 个稍分离，矩圆状圆柱形，上部 3 个小穗雌雄顺序，其余小穗雌性，上部小穗具短梗，下部的具长梗；苞片叶状，基部的 1 个长于花序或与花序近等长，无鞘；雌花鳞片长圆状披针形，先端渐尖，暗紫红色，具 1 条脉；果囊长椭圆形，与鳞片等长或稍长，扁三棱形，黄褐色，脉明显，顶端具短喙，喙口截形。小坚果长椭圆形，三棱形；柱头 3。花果期 6~7 月。

产宁夏六盘山，生于山坡草地或林下。分布于四川、云南、西藏。

4. 嵩草属 *Kobresia* Willd.

（1）矮生嵩草 *Kobresia humilis* (C. A. Mey ex Trauvt.) Serg.

多年生草本。秆密丛生，钝三棱形，基部具褐色纤维状残存叶鞘。叶片扁平，短于秆或与秆等长，基部对折，边缘粗糙。花序为简单的穗状，卵形或椭圆形，稍压扁；支小穗 4~8 个，顶生小穗雄性，侧生小穗雄雌顺序，基部雌花的上部具 2~5 朵雄花；鳞片宽卵形、卵状椭圆形或长椭圆形，先端尖，淡褐色，中部具 3 条脉，边缘宽膜质；先出叶长椭圆形或矩圆形，淡棕褐色，2 脊微粗糙，腹面仅基部边缘愈合，长于小坚果。小坚果矩圆或倒卵状矩圆形，双凸状、平凸状或扁三棱形，具短喙；柱头 2~3。花果期 6~8 月。

产宁夏贺兰山，生于山谷草地或林缘。分布于宁夏、青海、西藏、新疆等。

（2）嵩草 *Kobresia myosuroides* (Vill.) Foiri

多年生草本。秆密丛生，纤细，下部近圆柱形，上部钝三棱形，基部具黑褐色的残存叶鞘。叶狭细，丝状，与秆等长或稍短于秆。花序简单穗状，线状圆柱形；支小穗 10~20 个，顶生小穗雄性，侧生小穗雄雌顺序，基部雌花的上部具 1~2 朵雄花，稀减退仅具 1 朵雌花；鳞片椭圆形或倒卵状椭圆形，栗褐色，背部具 1 脉，先端钝，边缘狭膜质；先出叶狭长椭圆形，先端近截形，2 脊粗糙，腹面下部 1/3 边缘愈合；雄蕊 3；花柱 3。小坚果倒卵状椭圆形或倒卵形，双凸状或扁三棱状，顶端具短喙。花果期 6~8 月。

产宁夏贺兰山，生于山坡草地。分布于甘肃、河北、吉林、内蒙古、青海、陕西、四川、新疆、西藏等。

5. 荸荠属 *Eleocharis* R. Br.

（1）卵穗荸荠 *Eleocharis ovata* (Roth) Roem. & Schult.

无匍匐根状茎。秆多数丛生，圆柱状，细瘦。秆基部具 1~3 个叶鞘，下部微红色，鞘口斜，先端急尖或具小尖头。小穗卵形或宽卵形，锈色，含多数花；小穗基部 2 片鳞片无花，最下 1 片抱小穗基部近一周或一周的 3/4；其余鳞片小，卵形、长圆状卵形或宽卵形，背面绿色，具 1 条脉，两边红色，边缘狭膜质；下位刚毛 6 条，长为小坚果（包括花柱基）的 1.5 倍，具倒刺；柱头 2。小坚果倒卵形，背面微凸，腹面微凹；花柱基为扁三角形，长为小坚果的 1/3，宽为 1/2。花期 8~12 月。

产宁夏引黄灌区及石嘴山市，生于沼泽地或湖边、渠沟旁。分布于河北、黑龙江、吉林、辽宁、内蒙古、青海和云南。

（2）具刚毛荸荠 Eleocharis valleculosa Ohwi var. setosa Ohwi

多年生草本。具匍匐根状茎。秆直立，丛生，圆柱形，具少数锐棱条，光滑。秆基部具 1~2 个长叶鞘，膜质，下部紫红色，鞘口截平。小穗卵状长圆形或卵状披针形；鳞片长圆状卵形或长椭圆形，先端钝，背部淡绿色，具 1 条脉，两侧红褐色，先端具宽的白色膜质边缘，基部 2 片鳞片中无花，其余鳞片各具 1 朵两性花；下位刚毛 6 条，长超出花柱基，弯曲，具密倒刺毛；柱头 2，花柱基横长圆形或宽卵状三角形，长可达小坚果的 1/2。小坚果倒卵形，双凸状。花果期 7~9 月。

产宁夏全区，生于沼泽、池沼边或沟渠旁。分布于全国各地。

（3）沼泽荸荠 Eleocharis palustris Bunge

多年生草本。秆丛生，圆柱状，具钝肋条或纵槽。秆基部具 1~2 个叶鞘，基部带红色，鞘口截形。小穗卵形或长圆状卵形；花多数密生；小穗基部的 1 片鳞片中无花，抱小穗基部 1/2 周，其余鳞片长圆状卵形或卵形，黑褐色，背面具 1 条脉，边缘白色，干膜质；下位刚毛 4 条，稍长于小坚果，具密的倒刺；柱头 2。小坚果倒卵形或宽倒卵形，双凸状；花柱基半圆形或短圆锥形，长为小坚果的 1/4，宽为小坚果的 1/3，长宽几相等。

　　产宁夏贺兰山及中卫、盐池、石嘴山等市（县），生于沼泽、低湿盐碱地。分布于黑龙江、吉林、内蒙古、陕西、甘肃、新疆等。

6. 三棱草属　*Bolboschoenus* (Asch.) Palla

（1）球穗三棱草 *Bolboschoenus affinis* (Roth) Drobow

　　多年生草本。具匍匐根状茎和小的块茎。秆三棱形，中部以上具叶。叶扁平，线形，秆上部的叶长于秆或等长。叶状苞片 2~3，长于花序；长侧枝聚伞花序常短缩成头状，少有具短辐射枝，通常具 1~10 个小穗；小穗卵形，具多数花；鳞片长圆状卵形，膜质，淡黄色，外面微被短毛，顶端具缺刻，背面具 1 条中肋，延伸出顶端成芒尖；下位刚毛 6 条，4 条短，2 条较长，长为小坚果的一半或更长些，生倒刺；雄蕊 3，花药药隔突出；花柱细长，柱头 2。小坚果宽倒卵形，双凸状，具光泽。花果期 6~9 月。

　　产宁夏引黄灌区，生于沼泽、沟渠旁、湖边及盐碱低洼湿地。分布于贵州、辽宁、青海、山东和云南。

（2）扁秆荆三棱 *Bolboschoenus planiculmis* (F. Schmidt) T. V. Egorova

多年生草本。具细长匍匐根状茎及球茎。秆直立，单生，三棱形，较细弱，平滑，具秆生叶。叶鞘较长，叶片扁平，较秆短或长，先端渐尖。叶状苞片1~3，通常长于花序，边缘及背面中脉上粗糙。长侧枝聚伞花序短缩成头状，有时具2~3个长的辐射枝，具1~9个小穗；小穗卵形、卵状长圆形或线状披针形，具多数花；鳞片褐色或深褐色，膜质，长椭圆形或倒卵状长椭圆形，背面被稀疏短柔毛，背面中央具1条稍宽的中肋，顶端成撕裂状，具芒；下位刚毛4~6条，具倒生刺毛，较小坚果稍短或等长；雄蕊3，花药线形，顶端药隔突出；花柱细长，柱头2。小坚果宽倒卵形或三角状宽倒卵形，扁平。花果期7~9月。

宁夏引黄灌区普遍分布，生于稻田、沼泽、沟渠边及荒地。分布于东北、华北及陕西、甘肃、青海、山东、河南、江苏、浙江、湖北、云南等。

7. 水葱属　*Schoenoplectus* (Rchb.) Palla

（1）剑苞水葱 *Schoenoplectus ehrenbergii* (Boeckeler) Sojak

多年生草本。具根状茎及球茎。秆直立，锐三棱形，平滑，基部生叶。叶鞘，裂口处膜质，叶片线形，较秆短或与秆等长，基部对折，上部中肋在背面隆起呈翅状，平滑。苞片1，为秆的延长，直立，三棱形。长侧枝聚伞花序简单，假侧生，具2~5个辐射枝，辐射枝极短或短，各具1~3个小穗；小穗狭卵形或卵状长椭圆形，具10余朵花；鳞片膜质，宽卵形或椭圆形，顶端微凹，背部具1条明显的中脉，脉延伸成短芒，脉两则棕色，边缘半透明，黄绿色或白色；下位刚毛6条，长于小坚果，具倒生刺毛；雄蕊3，花药线形；花柱细长，柱头3。小坚果宽卵形，平凸状。花果期6~9月。

宁夏引黄灌区普遍分布，生于沟边、池沼边或沼泽地。分布于甘肃、河北、山东和新疆。

（2）钻苞水葱 *Schoenoplectus subulatus* (Vahl) Lye

多年生草本。根状茎细长，节上生少数须根。秆直立，粗壮，圆柱形，近花序部分成钝三棱形，秆下部生叶。叶鞘长，纸质，裂口处膜质，具 1~2 个叶片，线状披针形，先端渐尖，中脉在背面隆起，平滑或下部边缘粗糙。苞片 1，为秆的延长，钻形。长侧枝聚集伞花序简单或复出，假侧生，具 5~7 个辐射枝，基部均具 1 小苞片，卵状披针形，顶端具短尖，膜质；小穗单生或对生于辐射枝的顶端，卵形或长卵形；鳞片椭圆形，顶端钝或微凹，具短尖，背部具 1 条黄色中肋，两侧红棕色，边缘膜质；下位刚毛 3~4 条，具羽毛状流苏，稍长于小坚果；雄蕊 3，花药线形，药隔突出，突出部分具毛状流苏；花柱中等长，柱头 2。小坚果宽倒卵形，扁双凸状。花果期 5~9 月。

产宁夏引黄灌区，生于池沼边或水沟边。分布于甘肃、山西、四川等。

（3）水葱 *Schoenoplectus tabernaemontani* (C. C. Gmelin) Palla

多年生草本。匍匐根状茎粗壮，具多数须根。秆直立，丛生，圆柱形，平滑。秆下部具 3~4 个叶鞘，膜质，平滑，常带淡紫红色，最上一个叶鞘具叶片和叶舌，叶舌膜质；叶片扁平，线形，边缘粗糙。苞片 1，为秆的延伸，较花序短，钻形。长侧枝聚伞花序简单或复出，假侧生，具 5~15 个辐射枝，辐射枝长短不等，一面平，一面圆，边缘粗糙；小穗单生或 2~5 个簇生于辐射的顶端，狭卵形、卵形或卵状椭圆形，具多数花；鳞片卵状椭圆形或椭圆形，顶端微凹，背面具 1 条中脉，在顶端延伸呈芒尖，两侧棕褐色，具深褐色小突点，边缘狭膜质，具短缘毛；下位刚毛 6 条，与小坚果等长，具倒生刺毛；雄蕊 3，花药线形，药隔在顶端突出；柱头 2，较花柱长。小坚果倒卵形，一面平，一面凸。花果期 6~9 月。

产宁夏引黄灌区，生于沟边、池沼边。分布于东北、华北及陕西、甘肃、新疆、四川、贵州、云南、江苏等。

（4）三棱水葱 *Schoenoplectus triqueter* (L.) Palla

多年生草本。匍匐根状茎细长，红棕色，节上生少数须根。秆直立，散生，三棱形，光滑。秆基部具 2~3 个叶鞘，叶鞘膜质，横脉明显隆起，具短的膜质叶舌，最上一个叶鞘具叶片，叶片扁平，线状披针形，先端渐尖，中脉在背面明显隆起。苞片 1，为秆延长，三棱形。长侧枝聚伞花序简单，假侧生，具 3~8 个辐射枝，长短不等，扁三棱形，顶端各具 1~3 个小穗；小穗卵形或卵状椭圆形，具多花；鳞片宽卵形或椭圆形，先端微凹；背面具 1 条中脉，在顶端延伸呈短芒，两侧黄棕色，边缘狭膜质，疏具短缘毛；下位刚毛 3~6 条，与小坚果等长或稍长，具倒生刺毛；雄蕊 3，花药线形，药隔褐色，在顶端稍突出，突出部分边缘具短毛；柱头 2。小坚果倒卵形，平凸状。花果期 6~9 月。

产宁夏引黄灌区，生于沟边、池沼边及沼泽地。除广东外全国各地均有分布。

8. 莎草属　*Cyperus* L.

（1）异型莎草 *Cyperus difformis* L.

一年生草本。具须根。秆直立，<u>丛生</u>，扁三棱形，具纵条棱，无毛。秆下部生叶，叶鞘较短，稍带紫红色，叶片通常较秆短，顶端边缘稍粗糙。苞片 2，叶状，远较花序长。花序为长侧枝聚伞花序，简单，稀复出，具 3~6 个辐射枝，长短不等；小穗长圆形或卵状长圆形，小穗极多数组成密集的头状花序；鳞片两行排列，扁圆形，顶端圆或微凹，中部淡黄色，两侧深褐色，边缘具透明边，具不明显的 3 条脉；雄蕊 2，有时 1；花柱短，柱头 3。小坚果倒卵状椭圆形，三棱形，光滑。花果期 7~9 月。

产宁夏引黄灌区，生于稻田中或沟渠边。分布于东北及河北、山西、陕西、甘肃、四川、云南、湖南、湖北、安徽、江苏、浙江、广西、广东、福建等。

（2）褐穗莎草 *Cyperus fuscus* L.

一年生草本。具须根。秆直立，丛生，细弱，锐三棱形，具纵条棱，无毛。秆下部具少数叶，叶鞘短，带紫红色，叶片较秆稍短或稍长，扁平或有时向内对折；苞片 2~3，叶状，远较花序为长，先端渐尖，中脉明显，两面无毛。长侧枝聚伞花序复出或有时简单，具 3~5 个辐射枝，长短不等，第二次辐射枝短，基部具 2 膜质鳞片；小穗线状披针形，具 8~18 朵花，扁平，5~15 个小穗排列成稍疏松的头状花序；鳞片两行排列，宽卵形，先端具小突尖，中部黄绿色，两侧褐色，具 3 条不明显的脉；雄蕊 2，花药椭圆形，黄色，花丝线形，与花药等长或稍长；柱头 3。小坚果椭圆形，三棱形，光滑。花果期 7~9 月。

产宁夏引黄灌区，生于稻田中或沟渠边。分布于黑龙江、辽宁、河北、山西、陕西、甘肃、内蒙古、新疆、西藏等。

（3）头状穗莎草 *Cyperus glomeratus* L.

一年生草本。高 50~95cm，钝三棱形。叶短于秆，边缘不粗糙；叶鞘长，红棕色。叶状苞片 3~4 枚，较花序长，边缘粗糙；复出长侧枝聚伞花序具 3~8 个辐射枝，辐射枝长短不等，最长达 12cm；穗状花序无总花梗，近于圆形、椭圆形或长圆形，具极多数小穗；小穗多列，排列极密，线状披针形或线形，稍扁平，具 8~16 朵花；小穗轴具白色透明的翅；鳞片排列疏松，膜质，近长圆形，顶端钝，棕红色，背面无龙骨状突起，脉极不明显，边缘内卷；雄蕊 3；花柱长，柱头 3。小坚果长圆形，三棱形，长为鳞片的 1/2，灰色，具明显的网纹。花果期 6~10 月。

产宁夏引黄灌区，生于低洼潮湿的盐碱地、沟边、沼泽地。分布于黑龙江、江苏、浙江、安徽、湖北、吉林、辽宁、河北、河南、山西、陕西和甘肃。

（4）花穗水莎草 *Cyperus pannonicus* Jacquem.

多年生草本。具须根。秆密丛生，扁三棱形，平滑，基部具 1 片叶。叶鞘较长，叶片极短，刚毛状。苞片 3，1 长 2 短，基部稍扩大，边缘膜质。长侧枝聚伞花序简单，具 2~6 个无柄小穗，聚集成头状，呈假侧生；小穗椭圆形或卵状椭圆形，稍膨胀，具 10~30 朵花；鳞片两行排列，卵圆形，先端尖或具短尖头，背面黄绿色，具不明显的多数脉，两侧暗红色；雄蕊 3，花药线形；花柱长，柱头 2。小坚果椭圆形，平凸状，黄色，光滑。花果期 7~9 月。

产宁夏引黄灌区，生于低洼潮湿的盐碱地上。分布于东北、华北及河南、陕西、新疆等。

（5）水莎草 *Cyperus serotinus* Rottb.

多年生草本。具粗壮根状茎。秆直立，单生，扁三棱形，光滑。叶生于下部，叶鞘带紫红色，叶片线形，通常长于秆，基部对折，上部平展，中肋在背面明显隆起，平滑。苞片 3~4，叶状，平滑。长侧枝聚伞花序复出，具 5~8 个辐射枝，长短不等，每 1 辐射枝上具

1~5 个穗状花序，每 1 穗状花序上具 7~19 个小穗；小穗排列疏松，卵状披针形、线状披针形至线形，具 5~24 朵花，小穗轴具透明狭翅；鳞片两行排列，宽卵形，先端圆或稍尖，中部绿色，具 5~7 条脉，两侧线褐色，边缘具膜质狭边；雄蕊 3，花药黄色，线形，花丝短；花柱短，柱头 2，细长。小坚果椭圆形或倒卵形，平凸状。花果期 7~10 月。

产宁夏引黄灌区，生于水沟及池沼边。分布于东北、华北及陕西、甘肃、新疆、山东、河南、安徽、江苏、浙江、湖北、江西、福建、广东、台湾、贵州、云南等。

9. 扁莎属 *Pycreus* P. Beauv.

红鳞扁莎 *Pycreus sanguinolentus* (Vahl) Nees

一年生草本。具根状茎。秆直立，丛生，扁三棱形，平滑。秆下部生 1~3 片叶，叶鞘带紫红色，叶片通常短于秆，有时长于秆，光滑。苞片 3~4，叶状，平展，有时边缘具透明细短刺。长侧枝聚伞花序简单，辐射枝 3~8 个，长短不等，由 4~15 个小穗排列成短穗状花序；小穗卵状长椭圆形或长椭圆形，具 5~15 朵花；鳞片两行排列，卵形，先端尖，背部中间部分黄绿色，具 3~5 条脉，两侧具较宽的槽，麦秆黄色或褐黄色，边缘暗褐红色；雄蕊 3，少 2，花药线形；柱头 2。小坚果倒卵形，双凸状，褐色。花果期 7~9 月。

产宁夏引黄灌区，生于稻田、水沟或池沼边。分布于东北、华北及陕西、甘肃、新疆、四川、贵州、云南、广西、广东、福建、江西、湖南、江苏、河南、山东等。

四十一　灯心草科　Juncaceae

灯心草属　*Juncus* L.

（1）小灯心草 *Juncus bufonius* L.

一年生草本。茎直立或斜伸，丛生。叶基生和茎生，叶片线形，先端渐尖，边缘向上反卷。二歧聚伞花序，花生于枝侧或小枝顶端；每花下具 3 片卵形或狭卵形的膜质苞片，先端尖；花被片 6，外轮花被片披针形，先端尖，内轮花被片线状长椭圆形，先端急尖或稍钝；雄蕊 6，长为花被片的 1/2~1/3；子房卵形或椭圆形，花柱极短，柱头 3。蒴果三角状椭圆形；种子褐色。花期 6~8 月。果期 8~9 月。

产宁夏贺兰山、六盘山及南华山，生于水边或湿地。分布于长江以北地区及四川、云南等。

（2）细灯心草 *Juncus grancillimus*(Buch.) Krecz. et Gontsch.

多年生草本。茎直立，丛生。叶基生和茎生，叶片细线形，基生者较长，茎生者较短，边缘常向上反卷。花在分枝上单生，组成圆锥状聚伞花序；其下具 2 片叶状总苞，其中 1 个长于或等长于花序；小苞片 2，卵形；花被片 6，外轮 3 片较狭，先端稍尖，内轮 3 片较宽，顶端钝，雄蕊 6，长为花被片的 2/3；雌蕊具很短的花柱，柱头 3。蒴果卵形；种子褐色。花期 5 月，果期 6 月。

产宁夏引黄灌区，生于池沼边及浅水处。分布于东北、华北、西北及长江流域。

（3）小花灯心草 *Juncus articulatus* L.

多年生草本。茎直立，丛生。叶基生和茎生，近圆柱形，先端渐尖，具明显横隔；叶鞘松弛抱茎，具狭叶耳。头状花序数个再集成聚伞花序；头状花序含 4~10 朵花；花被片 6，披针形，近等长，先端尖，边缘膜质；雄蕊 6，长约为花被片的 1/2；雌蕊具短花柱，柱头 3。蒴果三棱状椭圆形；种子椭圆形，黄褐色。花期 6~7 月，果期 7~8 月。

产宁夏贺兰山、六盘山及中卫等市（县），生于湿草地、水边、池沼边或稻田边。分布于东北、华北、西北、华东及四川等。

（4）栗花灯心草 *Juncus castaneus* Smith.

多年生草本。茎直立，中空。叶生于茎的中部以下；基生叶叶鞘松弛抱茎，叶耳不明显；叶片常对折。通常约 10 个左右的头状花序集生成聚伞状，头状花序下具 1 苞叶，披针形，膜质；花被片披针形，外轮长于内轮；雄蕊 6，长为花被片的 1/2~1/3；花柱柱头线形，3 分叉。蒴果栗褐色，具 3 棱。花果期 7~9 月。

产宁夏平罗县，生于山沟湿地、沟边、池沼边。分布于甘肃、河北、吉林、内蒙古、青海、陕西、山西、四川和云南。

（5）单枝灯心草 *Juncus potaninii* Buchen.

多年生细弱草本。茎直立，丛生。叶基生和茎生，叶片细丝状；叶鞘松弛抱茎，边缘膜质，具圆钝叶耳。头状花序单生茎顶，通常含 1~2 朵花，稀含 3 朵花；花被片 6，披针形，先端尖，内轮花被片稍长于外轮花被片；雄蕊 6，与内轮花被片等长或稍长；柱头 3。蒴果三棱状长卵形；种子椭圆形。花期 6~7 月，果期 7~8 月。

产宁夏六盘山，生于林下潮湿的岩石缝隙中。分布于甘肃、贵州、河南、湖北、青海、陕西、四川、西藏和云南。

（赵鑫鑫　拍摄）

（6）葱状灯心草 *Juncus allioides* Franch.

多年生草本。茎直立。叶基生和茎生，叶片扁圆筒形，具明显横隔，先端渐尖，基部扩展成叶鞘。花多数，集成头状花序，花序下具数个膜质苞片，卵形、卵状披针形至披针形，长短不等，先端尖；花被片 6，披针形，等长，先端尖或稍钝；雄蕊 6；子房卵形，柱头 3。花期 7 月。

产宁夏六盘山，生于水边湿地。分布于甘肃、贵州、河南、湖北、青海、陕西、四川、西藏和云南。

（7）片髓灯心草 *Juncus inflexus* L.

多年生草本。茎丛生，直立，圆柱形，具纵槽纹，茎内具间断的片状髓心。叶全部为低出叶，呈鞘状重叠包围在茎的基部，红褐色，无光亮。花序假侧生，多花排列成稍紧密的圆锥花序状；总苞片顶生，圆柱形，似茎的延伸，直立，顶端尖锐；花序分枝基部通常有苞片数枚，外方者常卵形，膜质，淡红褐色，顶端钝或尖，内方者较小；每花具 2 枚小苞片，卵状披针形至宽卵形，膜质，淡红褐色，顶端钝或稍尖；花淡绿色；花被片狭披针形，黄绿色，边缘膜质，外轮者长于内轮；雄蕊 6 枚；花药长圆形，花丝淡红褐色；子房 3 室，具短花柱；柱头 3 分叉。蒴果三棱状椭圆形。种子长圆形，棕褐色。花期 6~7 月，果期 7~9 月。

产宁夏六盘山，生于河滩荒草地、沼泽水沟旁。分布于甘肃、广西、贵州、河南、江苏、青海、山西、四川、西藏、新疆和云南。

四十二 禾本科 Gramineae

1. 稻属 *Oryza* L.

稻 *Oryza sativa* L.

一年生草本。秆直立，丛生。叶鞘无毛，下部者长于节间；叶舌膜质较硬，披针形；叶片扁平。圆锥花序疏松，成熟时向下弯垂，分枝具角棱，常粗糙；小穗长圆形；退化外稃锥刺状，无毛；孕性外稃具 5 脉，遍被细毛或稀无毛，无芒或具长达 7cm 的长芒；内稃亦被细毛，具 3 脉；鳞被 2 片，卵圆形。

宁夏黄灌区普遍栽培。

2. 箭竹属 *Fargesia* Franch.

华西箭竹 *Fargesia nitida* (Mitford ex Stapf) P. C. Keng ex T. P. Yi

秆高达 2m。秆箨枯草色，早落；叶鞘紫色，边缘具纤毛；叶舌长约 1mm；叶片先端渐尖，叶缘一边有纤毛状细锯，一边为软骨质。圆锥花序开展，分枝细长，分枝着生处通常有 1 分裂成纤维状的苞片；小穗具 2~5 朵花；颖先端渐尖，无毛或上部被微毛，第一颖长具 1~3 脉，第二颖具 5~7 脉；外稃先端渐尖，具 9 脉，第一外稃长 9~10mm，内稃长 9mm，先端具 2 小齿；雄蕊 3；柱头 2，羽毛状。花期 4~5 月。

产宁夏六盘山，生于杂木林中。分布于陕西、甘肃、四川、湖北、江西、云南等。

3. 臭草属 *Melica* L.

（1）广序臭草 *Melica onoei* Franch. et Sav.

多年生草本。秆直立或基部各节膝曲，少数丛生。叶鞘闭合几达鞘口，紧密包茎，无毛或基部叶鞘被倒生柔毛，均长于节间；叶舌质硬，顶端截平，短小；叶片扁平或干燥后卷折，上面常带白粉，两面均粗糙；圆锥花序开展，每节具 2~3 个分枝，幼时直立，以后极开展；小穗柄细弱，前端弯曲被微毛；小穗通常具 2 孕性小花；颖膜质，先端尖，第一颖，具 1 脉，第二颖，具 3~5 脉，两旁侧脉甚短；外稃先端稍钝，边缘及先端膜质，细点状粗糙，具 7 脉；内稃等长或稍短于外稃，脊上光滑或粗糙。花果期 7~10 月。

产宁夏六盘山，生于山坡林下阴湿处。分布于安徽、甘肃、贵州、河北、河南、湖北、湖南、江苏、江西、陕西、山东、山西、四川、台湾、西藏、云南、浙江。

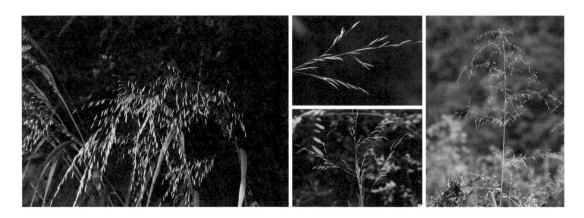

（2）甘肃臭草 *Melica przewalskyi* Roshev.

多年生草本。具细弱根茎。秆直立，细弱，具倒生糙刺。叶鞘闭合几达鞘口，基生者密生绒毛，上部者短于节间；叶舌极短或几缺；叶片下面粗糙，上面被微毛或柔毛，扁平或疏松内卷。圆锥花序狭窄，每节具 2~3 个分枝；小穗柄纤细，下部微糙涩，上部弯曲而被微毛，先端稍膨大；小穗含 3 个孕性小花，稀含 2 或 4 个孕性小花，带紫色，小穗轴节间光滑，微曲折，颖先端尖，边缘及顶端膜质，第一颖具 1 脉，第二颖具 3~5 脉；外稃具 7 脉，点状粗糙，先端钝，边缘及先端膜质，不孕外稃与下部者相似，但极小；内稃稍短于外稃，脊上部具微细纤毛。花果期 6~8 月。

产宁夏贺兰山、六盘山及固原原州区、隆德等市（县），生于山坡草地或路边。分布于甘肃、贵州、湖北、青海、陕西、四川和西藏。

（3）细叶臭草 *Melica radula* Franch.

多年生草本。秆直立，较细弱，基部密生分蘖。叶鞘长于节间，无毛或微粗糙；叶舌短；叶片通常纵卷成线形。圆锥花序极狭窄，具稀少的小穗或几成总状；小穗通常含 2 孕性小花，稀含 1 或 3 个孕性小花，顶生不孕外稃结成球形或长圆形；颖几等长，长圆状披针形，先端尖，第一颖具 1 明显的脉（侧脉不明显），第二颖具 3~5 脉，外稃披针形，先端稍钝，具 7 脉，背部颗粒状粗糙；内稃短于外稃，脊具短纤毛。花果期 6~8 月。

产宁夏贺兰山及盐池、西吉等县，生于山坡、路旁。分布于甘肃、河北、河南、湖北、内蒙古、陕西、山东、山西、四川和云南。

（4）臭草 *Melica scabrosa* Trin.

多年生草本。秆直立或基部膝曲，丛生，基部常密生分蘖。叶鞘光滑或微粗糙，下部者长于节间而上部者短于节间；叶舌透明膜质，顶端撕裂而两侧下延；叶片质较薄，无毛或上面疏生柔毛。圆锥花序狭窄，分枝直立或斜向上升；小穗柄短，线形弯曲，上部被微毛；小穗含 2~4 孕性小花，顶部由数个不孕外稃集成小球形；颖几等长，膜质，具 3~5 脉，背部中脉常生微小纤毛；外稃具 7 脉，背部颗粒状粗糙；内稃短于外稃或上部花中等长于外稃，先端钝，脊具微小纤毛。花果期 6~8 月。

产宁夏贺兰山、六盘山及固原市，生于山坡、路边或荒地。分布于安徽、河北、黑龙江、河南、湖北、江苏、内蒙古、青海、陕西、山西、山东、四川和西藏。

（5）抱草 *Melica virgata* Turcz. ex Trin.

多年生草本。秆直立，丛生。叶鞘通常长于节间，无毛；叶舌干膜质，长约 1mm；叶片质较硬，上面疏生柔毛，下面微粗糙，通常内卷。圆锥花序细长，分枝直立或斜向上升，小穗柄先端稍膨大，被微毛；小穗具 2~3 个孕性小花，成熟后呈紫色，颖不相等，先端尖，第一颖卵形，具 3~5 不明显的脉，第二颖宽披针形，具明显的 5 脉；外稃披针形，顶端钝，具 7 脉，背部颗粒状粗糙且具长糙毛；内稃略短于或等长于外稃，脊具微细纤毛。花果期 7~8 月。

产宁夏贺兰山，生于石质山坡或干旱山沟内。分布于甘肃、河北、内蒙古、青海、西藏和四川。

4. 针茅属 *Stipa* L.

（1）阿尔巴斯针茅 *Stipa albasiensis* L. Q. Zhao & K. Guo

多年生草本，密丛生。茎高 15~30cm，2~3 节，下部节间被短柔毛。基生叶是茎长的 1/2~3/4。叶鞘短于节间；叶片针状，卷曲，光滑无毛；基生叶叶舌疏被短纤毛，茎生叶叶舌圆形，具短纤毛。圆锥形紧缩，顶生，分枝。生 1~2 小穗。小穗浅灰绿色，颖片狭披针形，稍长或等长于颖片，边缘膜质。基盘具柔毛；外稃纵向线具柔毛，先端有一圈毛；芒全部生有白色长柔毛，芒柱长 1.4~1.8cm，扭曲，下半部分柔毛长 0.5mm，上半部长 1~2mm，芒针长 4~5.5cm，羽状，被 2~3mm 的柔毛。花果期 5~7 月。

产宁夏贺兰山，生于石质山坡。分布于内蒙古。

（2）异针茅 *Stipa aliena* Keng

多年生草本。须根坚韧。秆高 20~40cm，具 1~2 节。叶鞘光滑，长于节间；叶舌顶端钝圆或 2 裂，背部具微毛；叶片纵卷成线形，上面粗糙，下面光滑，基生叶长为秆高 1/2 或 2/3。圆锥花序较紧缩，分枝单生或孪生，斜向上升，基部者长 4~7cm，顶部者长 1~2cm，下部长裸露，上部着生 1~3 个小穗；小穗灰绿而带紫色；颖披针形，先端细渐尖，具 5~7 脉；外稃背部遍生短毛，具 5 脉，基盘尖锐，密生短毛，芒两回膝曲扭转，第一芒柱长 4~5mm，具 1~2mm 的柔毛，第二芒柱与第一芒柱几等长，被微毛，芒针长 1~1.6cm，无毛；内与稃外稃等长，具 2 脉，背部具短毛。颖果圆柱形，长约 5mm，具浅腹沟。花果期 7~9 月。

产宁夏贺兰山，生于山坡草地。分布于甘肃、西藏、青海、四川。

（3）狼针草 *Stipa baicalensis* Roshev.

多年生草本。须根常具沙套。秆粗壮，直立，丛生，具 3~4 节，基部密生分蘖及残存枯萎叶鞘。叶鞘短于节间或下部者常长于节间；秆生叶舌厚膜质，披针形，先端尖，两侧下延与叶鞘边缘结合；叶片纵卷成针形。圆锥花序基部常为叶鞘所包被；开展，分枝细弱；小穗灰绿色或成熟后呈紫褐色；颖近等长，膜质，先端丝状，第一颖 3 脉，第二颖具 5 脉；外稃，顶端关节处周围生一圈短毛，其下无刺毛，背部具成纵行分布的贴生短毛，基盘尖锐，密被柔毛；芒 2 回膝曲，扭转，无毛。花果期 6~8 月。

产宁夏麻黄山、贺兰山和南华山，生于干旱山坡。分布于甘肃、河北、黑龙江、吉林、辽宁、内蒙古、青海、陕西、山西和西藏。

（达赖 拍摄）

（4）短花针茅 *Stipa breviflora* Griseb.

多年生草本。须根常具沙套。秆直立或有时基部膝曲，丛生，基部具残存枯萎叶鞘。叶鞘短于节间，无毛或基部偶具短柔毛；叶舌膜质，圆钝；叶片纵卷成针状。圆锥花序稍开展，下部为叶鞘所包被，分枝细瘦，光滑，小穗灰绿色或淡紫褐色；颖近等长，具3脉，先端长渐尖；外稃具5脉，顶端关节处之周围有短毛，其下具短硬毛，背部具排列成纵行的短毛，基盘尖，密生柔毛；芒2回膝曲，扭转，全体白色柔毛，芒针弧形弯曲。花果期5~6月。

宁夏全区普遍分布，生于干旱山坡、砾石滩地及沙质地。分布于甘肃、河北、内蒙古、青海、陕西、山西、四川、新疆和西藏。

（5）长芒草 *Stipa bungeana* Trin.

多年生草本。须根常具沙套。秆直立，丛生，具2~5节，基部具分蘖和残存枯萎叶鞘。叶鞘短于节间，无毛；叶舌膜质，卵状披针形，先端尖，两侧下延与叶鞘边缘结合；叶片纵卷成针形。圆锥花序开展，分枝细长，2~5个丛生；小穗灰绿色或成熟后呈淡紫色；颖等长或第一颖稍短，先端延伸成细芒状，膜质，第一颖具 3 脉，第二颖具 5 脉；外稃背面具成纵行分布的短毛，顶端关节处具 1 圈短毛，其下微具刺毛，基盘尖锐，密被柔毛；芒 2 回膝曲，扭转，无毛。花果期 5~8 月。

产宁夏贺兰山及银川、中卫、盐池、同心、固原市原州区、海原、西吉、隆德、泾源等市（县），生于干旱山坡，砾石滩地及沙质地。分布于甘肃、河北、河南、江苏、内蒙古、青海、陕西、山东、四川、西藏和新疆。

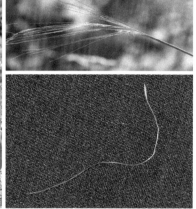

（6）沙生针茅 *Stipa caucasica* Schmalh. subsp. *glareosa* (P. A. Smirn) Tzvelev

多年生草本。须根粗韧，具沙套。秆直立，丛生，具 1~2 节，基部密生分蘖及残存枯萎叶鞘。叶鞘被微毛或无毛；秆生叶舌具纤毛或无毛；叶片纵卷成针状，粗糙。圆锥花序的基部通常包于疏松的叶鞘内，分枝简短，多仅具 1 小穗；颖近等长，膜质，尖披针形，基部具 3~5 脉；外稃具 5 脉，革质，草黄色或带紫色，背面具排列成纵行的短毛，顶端关节处具一圈短毛，基盘尖锐，芒全部生有白色长柔毛，1 回膝曲，芒柱扭转；内稃与外稃等长，具 1 脉，背部略被短柔毛。花果期 5~7 月。

产宁夏贺兰山东麓山前洪积扇及同心、平罗等县，生于山坡、砾石滩地及沙质地。分布于甘肃、河北、河南、内蒙古、青海、陕西、西藏和新疆。

（7）大针茅 *Stipa grandis* P. Smirn.

多年生草本。须根粗，外具沙套。秆直立，丛生，粗壮，基部丛生分蘖及残存枯萎叶鞘。叶鞘下部者长于节间；秆生叶舌膜质，先端圆，两侧下延与叶鞘边缘结合；叶片纵卷成针状。圆锥花序稍开展，基部常为叶鞘所包被，分枝细弱，向上伸；小穗淡绿色或成熟后呈紫色；颖近等长，膜质，狭披针形，先端丝状，第一颖具 3 脉，第二颖具 5 脉；外稃具 5 脉，顶端关节处周围生一圈短毛，其下无刺毛，背部具成纵行分布的贴生短毛，基盘，尖锐，密生柔毛，芒 2 回膝曲，扭转，无毛，边缘微粗糙，芒针丝状，卷曲。花果期 6~8 月。

产宁夏盐池、同心、中宁等市（县），生于干旱山坡和干旱草原。分布于甘肃、河北、黑龙江、河南、吉林、辽宁、内蒙古、青海、陕西和山西。

（8）甘青针茅 *Stipa przewalskyi* Roshev.

多年生草本。须根常具沙套。秆直立或斜升，丛生，具 2~3 节，光滑，基部丛生分蘖及残存枯萎叶鞘。叶鞘松弛，短于节间或下部的长于节间，无毛；秆生叶舌披针形，两侧下延与叶鞘边缘结合；叶片纵卷成针状，分蘖叶片上面被微毛，下面微粗糙。圆锥花序，分枝并生；小穗灰绿色，成熟后变紫色；两颖近等长，披针形，先端膜质尖尾状，第一颖具 3 脉，第二颖具 5 脉；外稃具 5 脉，顶端关节处生 1 圈短毛，其下具微刺毛，背部具成纵行分布的短毛，基盘尖锐，密被毛；芒 2 回膝曲，扭转，角棱上具短刺毛。花果期 5~6 月。

宁夏广泛分布，生于山坡、砾石滩地或沙质地。分布于甘肃、河北、内蒙古、青海、陕西、山西、西藏和四川。

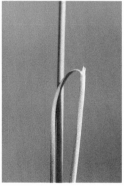

（9）狭穗针茅 *Stipa regeliana* Hack.

多年生草本。须根较坚韧。秆直生，丛生，通常具 1~2 节，基部密生分蘖及残存枯萎叶鞘。叶鞘长于节间，光滑；秆生叶舌膜质，披针形，贴生微毛或无毛，顶端常 2 裂，两侧下延与叶鞘边缘合生；叶片纵卷成针状。圆锥花序狭窄呈穗状，抽出鞘外，分枝单生或孪生，贴向主轴；小穗紫色；两颖近等长，披针形，先端渐尖，下部紫色，顶端膜质，具 5~7脉；外稃顶端微 2 裂，背部散生柔毛，基盘尖锐，具柔毛；芒扭转，1 回膝曲，芒柱具短毛，芒针，无毛或具微毛。花果期 6~8 月。

产宁夏贺兰山，生于山坡草地。分布于内蒙古、甘肃、青海、新疆、四川、云南、西藏等。

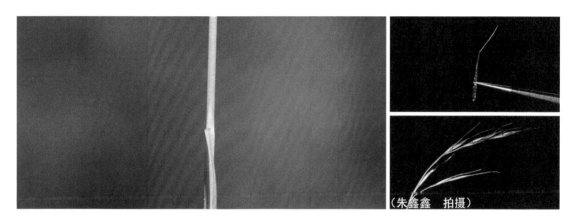

（朱鑫鑫　拍摄）

（10）西北针茅 *Stipa sareptana* A. K. Becker var. *krylovii* (Roshev.) P.C.Kuo et Y.H.S

多年生草本。须根稠密，具沙套。秆直立，丛生，具 3~4 节，基部具多数分蘖和残存叶鞘，无毛。叶鞘短于节间，无毛；秆生叶舌膜质，先端尖，两侧下延与叶鞘边缘结合；叶片纵卷成针状。圆锥花序下部为叶鞘所包被，分枝 2~4 个，细弱，丛生；小穗草绿色，成熟时变紫色；颖近等长，膜质，狭披针形，具 2~5 脉，先端细丝形，外稃具 5 脉，顶端关节处具一圈短毛，其下无明显刺毛，背部具成纵行分布的短毛，基盘尖锐，密生柔毛；芒 2 回膝曲，扭转，无毛，芒针卷曲；内稃与外稃等长，具 2 脉，无脊。花果期 5~7 月。

产宁夏贺兰山，生于干旱山坡或山坡草地。分布于甘肃、河北、内蒙古、青海、山西、新疆和西藏。

（11）戈壁针茅 *Stipa tianschanica* Roshev. var. *gobica* (Roshev.) P.C.Kuo et Y.H.Sun

多年生草本。须根细弱，稠密，具沙套。秆直立或斜升，丛生，基部密生分蘖及残存枯萎叶鞘。叶鞘通常短于节间，光滑；叶舌膜质，具纤毛；叶片内卷成针形。圆锥花序，基部常包于疏松的叶鞘内；分枝简短，细弱，具1~2个小穗；小穗灰绿色或淡黄色，颖尖披针形，边缘透明膜质，先端延伸成丝状，两颖等长或第一颖稍长，第一颖具1脉，第二颖具3脉；外稃具5脉，草质，背部具排列成纵行的短毛；基盘尖呈喙状，密生白色短柔毛，芒1回膝曲，芒柱扭转，无毛，芒针具白色长柔毛；内稃具2脉，无脊，为外稃紧包裹。花果期5~6月。

产宁夏贺兰山及海原等县，生于石质干旱山坡或石崖上。分布于河北、内蒙古、青海、陕西、山西、新疆。

（12）石生针茅 *Stipa tianschanica* Roshev. var. *klemenzii* (Roshev.) Norl.

多年生草本。秆直立，丛生，基部密生分蘖及残存枯萎叶鞘。叶鞘通常短于节间，无毛或被微毛；叶舌膜质，具白色纤毛；叶片常内卷成针形。圆锥花序；颖等长，尖披针形，边缘膜质，先端延伸成丝状，第一颖具1脉，第二颖具3脉；外稃背部具排列成纵行的短毛；基盘尖成喙状，密生白色细柔毛；芒1回膝曲，芒柱扭转，无毛，芒针具白色长柔毛。花果期4~7月。

产宁夏贺兰山东麓洪积扇及青铜峡等市（县），生于砾石滩地或沙质地。分布于内蒙古和宁夏。

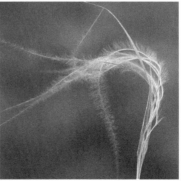

5. 沙鞭属 *Psammochloa* Hitchc.

沙鞭 *Psammochloa villosa* (Trin.) Bor

多年生草本。根状茎长，横走，节上生根，向上抽出花枝。秆直立，节密集于秆的基部并具褐色枯残叶鞘，光滑。叶鞘光滑，几包裹全部植株；叶舌膜质；叶片质地坚韧；圆锥花序紧密；两颖近等长或第一颖较短，先端渐尖至稍钝，具 3~5 脉，被微毛；外稃背部密生柔毛；具 5~7 脉，顶端具 2 微齿，基盘无毛；芒易脱落；内稃被柔毛，具 5 脉，背部圆形，中脉不甚明显。花果期 5~9 月。

产宁夏中卫市，生于固定沙丘及砾石滩地。分布于甘肃、内蒙古、宁夏、青海、陕西和新疆。

6. 芨芨草属 *Achnatherum* Beauv.

（1）中华芨芨草 *Achnatherum chinense* (Hitchc.) Tzvelev

多年生草本。秆密丛生，直立，具 3~4 节，平滑无毛。叶鞘短于节间，无毛或边缘疏生短纤毛；叶舌极短；叶片常密集于秆的下部，内卷成针状，下面平滑无毛，上面微粗糙。圆锥花序开展，分枝细长，孪生，上部分生小枝成三叉状；颖膜质，近等长，先端尖，具 3~5 脉，侧脉仅位于下部或基部；外稃被短毛。花果 6~7 月。

产宁夏贺兰山，生于山坡或草地。分布于山西、陕西、甘肃等。

（2）醉马草 *Achnatherum inebrians* (Hance) Keng ex Tzvelev

多年生草本。秆直立，丛生，无毛或节下贴生微毛；叶鞘短于节间，稍粗涩；叶舌膜质，较硬，顶端截平或具裂齿；叶片质地较硬，直立，通常卷折。圆锥花序紧缩成线形，直立，成熟时抽出甚长；小穗灰绿色，成熟后褐铜色或带紫色；颖近等长，先端尖常破裂，膜质，具3脉；外稃顶端具微2齿，背部遍生柔毛，具3脉，基盘钝，被柔毛；芒中部以下稍扭转；内稃具2脉，脉间被柔毛；花药顶端具毫毛。果期花7~8月。

产宁夏贺兰山及南华山，生于山坡草地。分布于甘肃、内蒙古、青海、四川、新疆和西藏。

（3）朝阳芨芨草 *Achnatherum nakaii* (Honda) Tateoka ex Imzab

多年生草本。秆直立，丛生，无毛。叶鞘幼时边缘具睫毛，后无毛，上部边缘膜质；叶舌截平，顶端具短裂齿；叶片直立，两面无毛，通常内卷。圆锥花序较疏松，每节具2~3个分枝；小穗圆柱形或披针形，草绿色、灰绿色或浅紫色；颖几相等或第一颖稍短，膜质，具3脉，顶端圆钝，透明，背面密被微毛；外稃狭卵形或披针形，密被柔毛，具3脉；基盘密生白色柔毛；芒1回膝曲或不明显2回膝曲，密被微柔毛或小刺毛，中部以下扭转；内稃与外稃等长或稍短。花药顶端无毛或仅有1~3根毫毛。花果期7~10月。

产宁夏贺兰山，生于林下或灌丛。分布于河北、辽宁、内蒙古和山西。

 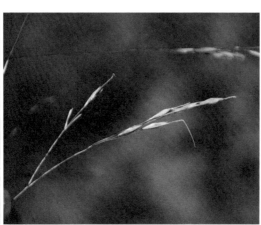 

（4）京芒草 *Achnatherum pekinense* (Hance) Ohwi

多年生草本。须根细瘦。秆直立，丛生。叶鞘松弛裹茎，短于节间，无毛；叶舌膜质，淡褐色，截平，常具裂齿；叶片扁平，边缘及上面微粗糙，下面平滑。圆锥花序开展，分枝细长，小穗生于上部；小穗草绿色或成熟时带紫色；颖膜质，长圆状披针形，先端尖，具3脉，近等长；外稃先端具2微齿，背部被白色柔毛，具3脉；基盘短，较钝，密生短柔毛；芒1回膝曲，中部以下扭转；内稃具2脉，脉间被柔毛，背部圆形，无脊；花药顶生毫毛。花果期7~8月。

产宁夏贺兰山，生于山坡草地或山谷沟边。分布于安徽、甘肃、河北、黑龙江、河南、吉林、辽宁、内蒙古、陕西、山东、山西和云南。

（5）毛颖芨芨草 *Achnatherum pubicalyx* (Ohwi) Keng ex P. C. Kuo

多年生草本。秆直立，少数丛生，上部微粗糙，下部光滑。叶鞘边缘狭膜质；叶舌截平，顶端不规则齿裂；叶片上面密生短柔毛，下面粗糙，边缘常内卷。圆锥花序较紧密，但不成穗状，每节具3~4个分枝；小穗草绿色或带紫色；颖几等长或第二颖稍长，膜质，具3脉，背部贴生短毛，第二颖毛较密；外稃背部密生长柔毛，具3脉，基盘密生白色柔毛，芒1回膝曲，中部以下扭转，密生短毛或小刺毛，内稃与外稃等长或稍短于外稃；花药顶端具毫毛。花果期7~10月。

产宁夏贺兰山，生于山谷草地、林缘、灌丛、路边。分布于甘肃、河北、黑龙江、吉林、内蒙古、青海、陕西、山西和新疆。

（6）羽茅 *Achnatherum sibiricum* (L.) Keng ex Tzvelev

多年生草本。秆直立，丛生，光滑。叶鞘松弛裹茎，短于节间，无毛；叶舌膜质，长约 1mm，顶端截平；叶片质较硬，通常纵卷。圆锥花序较紧密，分枝直立或斜上升；小穗草绿色或变为紫色；颖等长或第二颖稍短，膜质，长圆状披针形，具 3~4 脉；外稃顶端具微 2 齿，背部遍生长柔毛，具 3 脉；基盘顶端尖，密生柔毛；芒 1 回膝曲或不明显 2 回膝曲，中部以下扭转；内稃具 2 脉，脉间被柔毛，背部圆，无脊；花药顶生毫毛。花果期 6~9 月。

产宁夏贺兰山及银川、平罗、同心、隆德等市（县），生于山坡。分布于黑龙江、河南、内蒙古、青海、四川、新疆、西藏和云南。

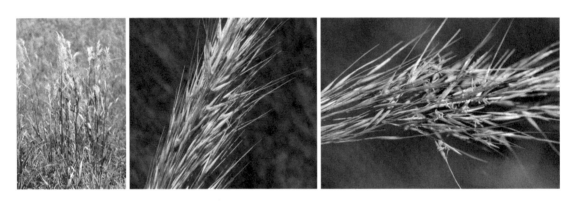

（7）芨芨草 *Achnatherum splendens* (Trin.) Nevski

多年生草本。须根粗壮，具沙套。秆直立，粗壮，密丛生，基部具分蘖残存枯萎的黄褐色叶鞘。叶鞘无毛，边缘膜质；叶舌膜质，先端尖，两侧下延与叶鞘边缘结合，叶片纵卷，无毛。圆锥花序开展，分枝细弱，斜升；小穗灰绿色或带紫色；颖膜质，披针形或椭圆形，先端尖或锐尖，具 1~3 脉，第一颖略短于或较第二颖短 1/3；外稃具 5 脉，背部密生柔毛，基盘钝圆，被柔毛，顶端具 2 裂齿，芒自裂齿间伸出，直立或微弯曲，不扭转，粗糙，易断落；内稃具 2 脉，间脉有毛；花药顶端具毫毛。花果期 6~8 月。

宁夏广泛分布，多生于荒滩、沙质地、半固定沙丘上、路旁等处。分布于甘肃、黑龙江、河南、内蒙古、青海、山西、四川、新疆、西藏和云南。

7. 细柄茅属 *Ptilagrostis* Griseb.

(1) 双叉细柄茅 *Ptilagrostis dichotoma* Keng ex Tzvelev

多年生草本。秆直立,密丛生,光滑。叶鞘紧密裹茎,微粗糙,上部边缘膜质;叶舌膜质,三角形,先端尖或钝,两侧下延与叶鞘边缘结合;叶片细线形。圆锥花序开展,分枝细瘦丝状,通常单生,有时孪生,下部裸露,上部 1~3 回 2 叉状分枝,小穗灰褐色或暗灰色,小穗柄纤细,与分枝的腋间具枕;颖膜质,先端稍钝,具 3 脉,侧脉仅见于基部;外稃上部微粗糙或被较密的微毛,下部疏被柔毛,基盘稍钝,被柔毛;芒中部以下扭转,遍生白色柔毛,芒下部的毛,向上渐短;内稃与外稃近等长,背部圆形,被柔毛。花果期 7~8 月。

产宁夏贺兰山,生于海拔 2800m 以上的高山灌丛及草甸、林缘草甸。分布于内蒙古、陕西、甘肃、青海、四川、云南、西藏等。

（任飞　拍摄）

(2) 细柄茅 *Ptilagrostis mongholica* (Turcz. ex Trin.) Griseb.

多年生草本。秆直立或基部稍倾斜,密丛生,光滑或上部具纵行排列的微毛。叶鞘紧密裹茎,粗糙或光滑,具狭膜质边缘;叶舌膜质,先端钝或锐尖;叶片内卷,脉及边缘微粗糙。圆锥花序开展,分枝细弱,呈毛细管状,常成对孪生,有时单生,分枝腋间或小穗柄基部通常膨大;小穗带灰色或暗紫色,小穗柄细长;颖膜质,几等长,先端尖或稍钝,具 3~5脉,边脉甚短;外稃具 5 脉,上部几无毛,下部被柔毛,基盘稍钝圆,被短柔毛,芒自顶端裂齿间伸出,遍生短柔毛,中部膝曲,下部扭转,内稃与外稃等长,背部圆形,散生柔毛。花果期 7~8 月。

产宁夏贺兰山,生于林缘草地或干旱山坡。分布于东北、华北及陕西、甘肃、新疆、四川、西藏等。

（3）中亚细柄茅 *Ptilagrostis pelliotii* (Danguy) Grubov

多年生草本。须根较坚韧，稀疏，具沙套。秆直立，丛生，具2~4节，基部具纤维状残存叶鞘。叶片纵卷成针状；叶鞘紧密裹茎，平滑，先端及边缘具短柔毛。圆锥花序开展，分枝通常成对，细弱，小穗柄微弯曲；小穗含1花，枯黄色或淡绿色；颖狭披针形，近等长，膜质；外稃全体被白色柔毛，具5脉，芒自顶端裂齿间伸出，芒羽毛状，弯曲或呈镰刀状；内稃披针形，膜质；雄蕊3，几不外露，花药无毛；花柱2，略叉开，羽毛状。花果期6~9月。

产宁夏贺兰山东麓洪积扇及平罗、贺兰、中卫等市（县），生于干旱的砾石荒漠上。分布于甘肃、青海、新疆等。

8. 短柄草属　*Brachypodium* Beauv.

短柄草 *Brachypodium sylvaticum* (Huds.) Beauv.

多年生草本。秆细弱，直立，单生或少数丛生，节及其附近被微毛。叶鞘紧密包茎，短于节间，被柔毛；叶舌质稍厚，先端截平，具纤毛；叶片上面疏被白色长柔毛，下面无毛。穗形总状花序，通常弯垂，小穗柄短，被微毛；小穗含 6~10 个小花；第一颖具 3~5 脉，第二颖具 5~7 脉，两者均无毛；外稃无毛或下部疏被微毛，第一外稃具 7 脉，先端具芒；内稃短于外稃，顶端截平，脊上具纤毛。花果期 7~9 月。

产宁夏六盘山，生于山坡草地。分布于安徽、甘肃、贵州、江苏、辽宁、青海、陕西、四川、台湾、新疆、西藏、云南和浙江。

9. 雀麦属　*Bromus* L.

（1）无芒雀麦 *Bromus inermis* Leyss.

多年生草本。根状茎横走。秆直立，无毛。叶鞘紧密包茎，闭合近于鞘口处开裂，无毛；叶舌质硬；叶片质地较硬，无毛或背面疏被长柔毛。圆锥花序开展，每节具 3~5 个分枝；小穗含 4~8 小花；颖不等长，先端渐尖，边缘膜质，第一颖具 1 脉，第二颖具 3 脉；外稃宽披针形，第一外稃具 5~7 脉，脉上具短纤毛，先端稍钝，无芒或背部近顶端处生 1 短芒；内稃短于外稃，脊上具纤毛。花果期 6~8 月。

产宁夏贺兰山、六盘山、南华山、月亮山及隆德、泾源等县，生于草地、河岸、路边、麦田。分布于甘肃、贵州、河北、黑龙江、江苏、吉林、辽宁、内蒙古、青海、陕西、山东、山西、四川、新疆、西藏和云南。

（2）雀麦 *Bromus japonicus* Thunb.

一年生草本。叶鞘紧密包茎，被白色柔毛，闭合近于鞘口处开裂；叶舌膜质，顶端具不规则的齿裂；叶片两面被白色柔毛。圆锥花序开展，向下弯垂，每节具 3~7 个分枝，每分枝近上部着生 1~4 个小穗；小穗幼时圆筒形，成熟后压扁，含 7~14 花；颖不等长，先端尖，边缘膜质，无毛，第一颖具 3~5 脉，第二颖具 7~9 脉；外稃椭圆形，边缘膜质，具 7~9 脉，顶端具 2 微小齿裂，其下着生芒；内稃较狭，短于外稃，脊上疏生刺毛。花果期 6~8 月。

产宁夏六盘山，生于山坡、路边、荒地。分布于安徽、甘肃、河北、河南、湖北、湖南、江苏、江西、辽宁、内蒙古、陕西、山东、山西、四川、台湾、新疆、西藏和云南。

10. 大麦属　*Hordeum* L.

（1）芒颖大麦草 *Hordeum jubatum* L.

越年生。秆丛生，直立或基部稍倾斜，平滑无毛。叶鞘下部者长于而中部以上者短于节间；叶舌干膜质、截平；叶片扁平，粗糙。穗状花序柔软，绿色或稍带紫色；穗轴成熟时逐节断落，棱边具短硬纤毛；三联小穗小花通常退化为芒状，稀为雄性；外稃披针形，具 5 脉，先端具长达 7cm 的细芒；内稃与外稃等长。花、果期 5~8 月。

产宁夏引黄灌区，生长于路旁或田野。原产北美及欧亚大陆的寒温带。

（2）紫大麦草 *Hordeum roshevitzii* Bowden

多年生草本。根须状，细密。秆丛生，直立或基部膝曲状，无毛。叶鞘短于节间或基部的可长于节间，无毛或基部疏被短柔毛；叶舌十膜质；叶片无毛或上面疏生柔毛。穗状花序弯曲，绿色或带紫色；穗轴节间，边缘具纤毛；穗轴每节着生 3 个小穗，两侧小穗退化，具柄，被糙毛；退化外稃针状，具柄，被短糙毛；中间小穗无柄，颖刺芒状；外稃披针形，背部光滑，脉不明显，边缘及顶端微糙涩，先端具芒，内稃与外稃等长，脊的顶端微粗糙。花果期 7~9 月。

产宁夏引黄灌区，生于渠边、河边及沙质地。分布于陕西、甘肃、青海、新疆等。

（3）青稞 *Hordeum vulgare* L. var. coeleste L.

一年生草本。秆直立，光滑，高约 100cm，具 4~5 节。叶鞘光滑，大都短于或基部者长于节间，两侧具两叶耳，互相抱茎；叶舌膜质；叶片长 9~20cm，宽 8~15mm，微粗糙。穗状花序成熟后黄褐色或为紫褐色；颖线状披针形，被短毛，先端渐尖呈芒状；外稃先端延伸为长 10~15cm 的芒，两侧具细刺毛。颖果成熟时易于脱出稃体。

宁夏有栽培。我国西部和北部高寒地区常栽培。模式标本采自亚洲。

11. 披碱草属 *Elymus* L.

（1）阿拉善披碱草 *Elymus alashanicus* (Keng ex Keng & S. L. Chen) S. L. Chen

多年生草本。秆疏丛生，直立或基部倾斜，质刚硬，通常具 3 节。叶鞘紧密裹茎，通常短于节间，无毛；叶舌透明膜质，截平；叶片坚韧直立，内卷成针状，下面无毛，上面被微小的短柔毛。穗状花序直立，细瘦，穗轴节间棱边粗糙；小穗贴生穗轴，淡黄色，含 4~6 花；颖矩圆状披针形，先端锐尖，边缘膜质，通常具 3 脉；外稃披针形，先端锐尖或钝头，平滑，脉不明显或于近顶端处具 3~5 脉，第一外稃顶端无芒，基盘无毛，内稃与外稃等长或略长于外稃，顶端微凹，脊粗糙或下部近于平滑。

产宁夏贺兰山及罗山，生于山坡。分布于甘肃、新疆和内蒙古。

（2）黑紫披碱草 *Elymus atratus* (Nevski) Hand.-Mazz.

多年生草本。秆疏丛生。秆直立，较细弱，高 40~60cm，基部呈膝曲状。叶鞘光滑无毛；叶片多少内卷，两面均无毛，或基生叶上面有时可生柔毛。穗状花序较紧密，曲折而下垂，长 5~8cm；小穗多少偏于 1 侧，成熟后变成黑紫色，含 2~3 小花，仅 1~2 小花发育；颖甚小，几等长，狭长圆形或披针形，先端渐尖，稀可具长约 1mm 的小尖头，具 1~3 脉，主脉粗糙，侧脉不显著；外稃披针形，全部密生微小短毛，具 5 脉，脉在基部不甚明显，第一外稃顶端延伸成芒，芒粗糙，反曲或展开；内稃与外稃等长，先端钝圆，脊上具纤毛，其毛接近基部渐不显。

产宁夏贺兰山和罗山，生于高山草甸。分布于四川、青海、甘肃、新疆、西藏等。

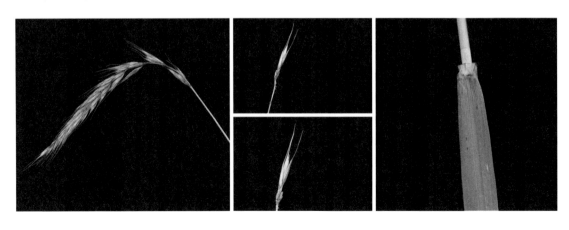

（3）毛盘草披碱草 *Elymus barbicallus* (Ohwi) S. L. Chen

多年生草本。根须状。秆丛生，直立，具 3~4 节，节上无毛。叶鞘短于节间，无毛；叶舌，截平；叶片扁平，两面无毛，粗糙。穗状花序直立，穗轴节间棱边粗糙；小穗绿色，含 5~8 朵小花；颖矩圆状披针形，先端渐尖，具粗壮的 5~7 脉，脉上粗糙；外稃披针形，基部及边缘被短毛，上部具明显 5 脉，基盘被毛，芒直伸，粗糙，内稃与外稃等长或稍短，顶端圆形，脊的上部被短纤毛，脊间上部被短小硬毛。花期 7 月。

产宁夏贺兰山，生于山坡。分布于河北、内蒙古、青海和山西。

（4）短芒披碱草 *Elymus breviaristatus* (Keng) Keng f.

多年生草本。秆直立，丛生，无毛。除基部叶鞘外均短于节间，平滑无毛；叶舌干膜质，顶端截形，叶片扁平，上面粗糙，下面平滑，边缘具小纤毛。穗状花序疏松，弯曲或下垂，穗轴每节通常具 2 个小穗，有时顶端几节仅具 1 个小穗；穗轴边缘粗糙至具小纤毛；小穗灰绿色或稍带紫色，含 4~6 花，小穗轴密生微毛；颖长圆状披针形，具 1~3 脉，脉上粗糙，先端渐尖或具短尖头；外稃披针形，上部具明显的 5 脉，全部生短小微毛，顶端延伸成短芒；内稃与外稃等长，先端钝圆或微凹，脊上具纤毛，其下部毛不明显，脊间被微毛。花果期 7~9 月。

产宁夏南华山，生山坡草地。分布于四川、青海和新疆。

（5）纤毛披碱草 *Elymus ciliaris* (Trinius ex Bunge) Tzvelev

多年生草本。须根细弱。秆直立或基部节膝曲，具3~4节，平滑无毛，常被白粉。叶鞘平滑无毛，边缘稍膜质，下部叶鞘长于节间，上部者短于节间；叶舌膜质，顶端截平，具齿；叶片扁平或内卷，两面无毛；边缘稍粗糙。穗状花序直立，穗轴节间，边缘粗糙或被微毛；小穗灰绿色，含7~10朵花；两颖不等长，长椭圆状披针形，先端具短尖头，具明显的5~7脉，边脉及边缘具纤毛；外稃椭圆状披针形，背部被柔毛，边缘具长纤毛，上部具明显5脉，顶端两侧或一侧具1小齿，基盘短，圆钝，两侧具短柔毛，第一外稃粗糙，向外反曲，内稃倒卵状长椭圆形，长为外稃的2/3，先端圆，脊上具短毛。花果期6~7月。

产宁夏泾源县，生于路旁及山坡草地。广泛分布于安徽、福建、甘肃、贵州、河北、黑龙江、河南、湖北、湖南、江苏、江西、辽宁、内蒙古、陕西、山东、山西、四川、云南和浙江。

（6）披碱草 *Elymus dahuricus* Turcz.

多年生草本。秆直立，丛生。叶鞘光滑无毛，大都长于节间；叶舌截平；叶片下面无毛，上面疏被长柔毛。穗状花序直立；穗轴各节着生2个小穗，近顶端及基部各节着生1个小穗；小穗含3~5花；颖披针形或线状披针形，先端长渐尖至具短芒，具3~5脉；外稃披针形，5脉，全体被短小糙毛，顶端延伸成芒，芒向外开展，内稃等长于外稃，先端截平，脊上被纤毛。花果期5~11月。

产宁夏贺兰山、罗山、六盘山及银川、中卫、固原市原州区、泾源、隆德等市（县），生于荒地、路边、山坡草地。分布于黑龙江、河南、内蒙古、青海、陕西、山东、山西、四川、新疆、西藏和云南。

（7）圆柱披碱草 *Elymus dahuricus* Turcz. var. *cylindricus* Franch.

多年生草本。叶鞘无毛，上部叶鞘短于节间；叶舌极短；叶片上面粗糙，下面平滑，两面无毛。穗状花序直立，每节具 2 小穗，顶端各节仅具 1 小穗；小穗绿色或稍带紫色，通常含 2~3 花，仅 1~2 花发育；颖被针形至线状披针形，3~5 脉，先端渐尖或具短芒；外稃披针形，全体被微小短毛，第一外稃具 5 脉，顶端具芒，直立或稍开展；内稃与外稃等长，先端圆钝，脊上被纤毛，脊间被微小短毛。花果期 7~9 月。

产宁夏贺兰山、南华山及中卫、同心等市（县），生山坡草地、路边。分布于河北、河南、内蒙古、青海、陕西、四川、新疆和云南。

（8）岷山披碱草 *Elymus durus* (Keng) S. L. Chen

多年生草本。秆直立，单生或疏丛生，具 2~3 节，无毛。叶鞘无毛，短于节间，或基部叶鞘长于节间，被毛；叶舌截平；叶片上面微粗糙或被短毛，下面平滑，边缘内卷。穗状花序下垂；小穗带紫色，小穗柄无毛；第一颖具 1~3 脉，第二颖具 3~4 脉；外稃具 5 脉，脉上具短硬毛，基盘两侧具短毛；第一外稃向外弯曲，内稃先端具短纤毛，脊上具硬毛。花果期 8~10 月。

产宁夏贺兰山，生于山坡草地。分布于甘肃、青海、四川、新疆、西藏和云南。

（9）肥披碱草 *Elymus excelsus* Turcz.

多年生草本。茎直立，粗壮。叶鞘无毛或下部叶鞘被短柔毛；叶舌截平或撕裂；叶片扁平，两面粗糙或下面平滑。穗状花序粗壮，直立，穗轴边缘具小纤毛，每节具 2~3 个小穗；小穗有时可具短柄，含 4~5（7）小花，小穗轴密被短毛；外稃背部无毛，先端、脉及边缘具小短毛，芒反曲；内稃稍短于外稃或近等长，脊上有纤毛。花果期 6~9 月。

产宁夏六盘山，生于海拔 1900m 左右的山坡草地、路边。分布于甘肃、河北、黑龙江、河南、内蒙古、青海、陕西、山东、山西、四川、新疆和云南。

（10）本田披碱草 *Elymus hondae* (Kitag.) S. L. Chen

根须状。秆直立，具 3 节，顶节位于植株的中部或中部稍下，节及节以下贴生倒生微毛。叶鞘稍短于节间，无毛；叶舌截平；叶片扁平，边缘粗糙，两面平滑。穗状花序直立，穗轴节间棱边粗糙，小穗通常含 3 花，小穗轴节密生微柔毛；颖长圆状披针形，先端锐尖至具小尖头，具 3~5 脉，脉上粗糙；外稃披针形，背面被短毛，上部具 5 脉，第一外稃芒直伸，粗糙，内稃与外稃等长，先端圆钝，脊的上部具纤毛，上部脊间密生短毛。花期 7 月。

产宁夏贺兰山，生于山坡草地或路边。分布于河北、河南、辽宁、内蒙古、青海和陕西。

（11）垂穗披碱草 *Elymus nutans* Griseb.

多年生草本。根须状。秆直立。叶鞘除基部者外均短于节间，基部叶鞘密被长柔毛，上部叶鞘无毛；叶舌短；叶片两面粗糙，上面疏被白色长柔毛。穗状花序较紧密，小穗的排列多少偏于一侧，通常曲折而先端下垂，穗轴每节通常具2小穗，近顶端各节仅具1个小穗，基部1~2节上的小穗不发育；小穗成熟后带紫色，含3~4花，通常仅2~3花发育；小穗密生微毛；颖长圆形，先端渐尖或具短芒，具3~4脉；外稃披针形，具5脉，全部被微短毛，开展或外曲，内稃等长于外稃，先端钝圆或截平，脊上具纤毛，脊间疏被短微毛。花果期7~10月。

产宁夏贺兰山、六盘山、南华山、月亮山及罗山，生于山坡草地及路边。分布于甘肃、河北、河南、内蒙古、青海、陕西、四川、新疆、西藏和云南。

（12）紫芒披碱草 Elymus purpuraristatus C. P. Wang et H. L. Yang

多年生草本。秆较粗壮，全体被白粉。叶鞘基部节间（紧接基部节之上方）呈粉紫色；叶舌先端钝圆；叶片常内卷，上面微粗糙，下面平滑。穗状花序直立或微弯曲，细弱，较紧密，粉紫色，穗轴边缘具小纤毛；小穗粉绿带紫色，含2~3小花，小穗轴密生微毛；颖披针形或线状披针形，先端芒，具3脉，脉上具短刺毛，边缘、先端和基部均具红色小点；外稃被毛和紫红色小点，顶端芒，带紫色，被毛，外稃与内稃近等长或稍长，脊上被短毛。花果期7~9月。

产宁夏隆德县，生于山坡草地、路边。分布于内蒙古。

（13）紫穗披碱草 Elymus purpurascens (Keng) S. L. Chen

多年生草本。根须状，外具沙套。秆单生或疏丛生，直立或基部略倾斜，具3~4节。叶鞘疏松，下部的长于而上部的短于节间，无毛；叶舌截平；叶片内卷，下面无毛，上面被毛。穗状花序下垂，穗轴节间棱边粗糙；小穗微紫色，含4~7朵小花；颖长圆状披针形，先端锐尖，具3~5脉；外稃披针形，背部粗糙或被微小硬毛，上部具5脉，粗糙，向外反曲，带紫色，内稃与外稃近等长，脊的上部具纤毛，背部被微毛。花期7月。

产宁夏六盘山及固原市原州区、隆德县，生于山坡或林缘草地。分布于甘肃、内蒙古和云南。

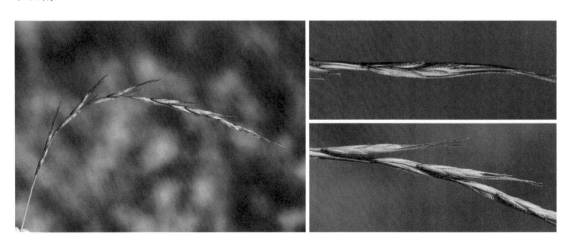

（14）老芒麦 *Elymus sibiricus* L.

多年生草本。根须状。秆直立，丛生或单生。叶鞘光滑无毛，下部的长于节间，上部的短于节间；叶片扁平，两面粗糙，下面无毛，上面生细柔毛。穗状花序较疏松，下垂，通常每节着生 2 个小穗，有时基部和上部各节仅着生 1 个小穗；穗轴边缘粗糙至具小纤毛；小穗灰绿色或带紫色，含 3~5 花，小穗轴密生微毛；颖狭披针形，具 3~5 脉，脉上粗糙，先端渐尖或具短芒；外稃披针形，全部密生微毛，具 5 脉，脉在基部不甚明显，芒开展或向外反曲；内稃与外稃几等长，先端 2 裂，脊上全部具小纤毛。花果期 6~9 月。

产宁夏贺兰山、南华山、罗山及六盘山，多生于路边或山坡草丛中。分布于甘肃、河北、黑龙江、河南、内蒙古、青海、陕西、山西、四川、新疆、西藏和云南。

（15）中华披碱草 *Elymus sinicus* (Keng) S. L. Chen

多年生草本。秆疏丛生，直立或基部常膝曲，具 2~3 节。叶鞘无毛，短于节间或长于节间，顶生叶鞘，长于其叶片；叶舌截平；叶片直立，常内卷，上面疏生柔毛，下面无毛。穗状花序直立，穗轴边缘具纤毛；小穗含 4~5 小花，小穗轴被微毛；颖长圆状披针形，通常偏斜，具 3~5 脉；外稃背部疏被微毛，具 5 脉，第一外稃，直立或稍外曲，内稃与外稃等长，先端截平或微凹，脊上具刺状纤毛。花果期 7~9 月。

产宁夏贺兰山，生于草地、山坡。分布于甘肃、河南、内蒙古、青海、陕西、山西、四川、新疆和云南。

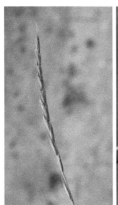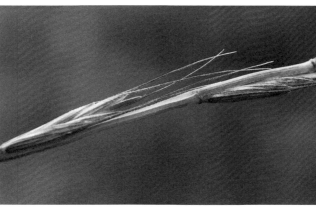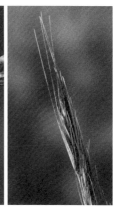

（16）肃草 *Elymus strictus* (Keng) S. L. Chen

多年生草本。具须根。秆直立，丛生，具 3 节，基部的节微呈膝曲状，光滑。叶鞘短于节间或有时下部的长于节间，无毛；叶舌短，截平；叶片质较硬，内卷或扁平，背面无毛，上面被细柔毛。穗状花序顶生，劲直，穗轴节间边缘粗糙；小穗灰绿色，含 5~8 朵小花；颖长圆状披针形，先端渐尖或具小尖头，通常具 7 条明显强壮的脉；外稃披针形，背部平滑，基部两侧近边缘具微毛，上部具 5 条脉，基盘被微毛，芒粗糙，向外弯曲；内稃与外稃等长，先端截平或微凹，脊的上部具小刺毛，上部脊间被稀疏小短毛；花药黄色。花期 7 月。

产宁夏六盘山、贺兰山及固原市原州区、隆德县，生于山坡、路边。分布于甘肃、贵州、河南、内蒙古、青海、陕西、山西、四川、西藏和云南。

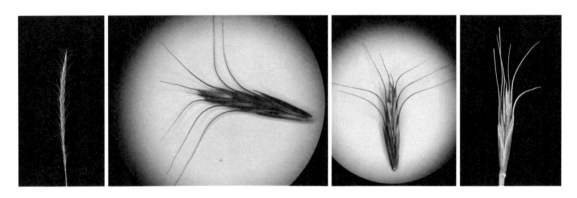

（17）麦宾草 *Elymus tangutorum* (Nevski) Handel-Mazzetti

多年生草本。秆直立，丛生，粗壮。基部叶鞘长于节间，其余叶鞘均短于节间，无毛；叶舌截平；叶片两面无毛或上面疏被柔毛。穗状花序直立，较紧密；穗轴边缘具小纤毛，每节通常着生 2 个小穗，近顶端各节仅着生 1 个小穗；小穗绿色，含 3~4 花；小穗轴节间密生微毛；颖披针形至线状披针形，具 5 脉，先端渐尖或具长 1~3mm 的短芒；外稃披针形，上部被微小短毛，下部几无毛，具 5 脉，第一外稃顶端具芒，内稃与外稃等长，先端钝，脊上具纤毛。花果期 7~9 月。

产宁夏贺兰山及南华山，生于荒地、路边、山坡草地。分布于甘肃、贵州、湖北、内蒙古、青海、山西、四川、新疆、西藏和云南。

（18）毛披碱草 *Elymus villifer* C. P. Wang et H. L. Yang

多年生草本。秆直立，疏丛生。叶鞘密被长柔毛；叶舌短；叶片扁平或边缘内卷，两面及边缘被长柔毛。穗状花序稍弯曲，穗轴节处膨大，密被长硬毛，棱边具窄翼，被长硬毛；小穗含 2~3 小花，小穗轴被短毛；颖狭披针形，3~5 脉，脉上疏被短硬毛；外稃上部疏被短毛，边缘及基部两侧被短硬毛，芒反曲；内稃与外稃等长，脊上被短纤毛。花果期 7~9 月。

产宁夏六盘山，生于海拔 2100m 左右的山谷草地。分布于内蒙古。

12. 偃麦草属 *Elytrigia* Desv.

（1）偃麦草 *Elytrigia repens* (L.) Nevski

多年生草本。具横走的根茎。秆直立，光滑无毛，绿色或被白霜，具 3~5 节，高 40~80cm。叶鞘光滑无毛，而基部分蘖叶鞘具向下柔毛；叶舌短小；叶耳膜质，细小；叶片扁平，上面粗糙或疏生柔毛，下面光滑。穗状花序直立；穗轴节光滑而仅于棱边具短刺毛；小穗含 5~7(10) 小花；小穗轴节间无毛；颖披针形，具 5~7 脉，光滑无毛，有时脉间粗糙，边缘膜质；外稃长圆状披针形，具 5~7 脉，顶端渐尖，具短尖头，芒长约 2mm，基盘钝圆，第一外稃长约 12mm；内稃稍短于外稃，具 2 脊，脊上生短刺毛；花药黄色。花果期 6~8 月。

产宁夏贺兰山，生于海拔 2500~2700m 的石质山坡、沟谷溪边。分布于甘肃、河北、黑龙江、内蒙古、青海、山东、四川、新疆、西藏和云南。

（2）长穗偃麦草 Elytrigia elongata (Host) Nevski

多年生草本。秆直立，坚硬，被白霜，具 3~4 节，高 70~120cm。叶鞘通常短于节间，边缘膜质，平滑；叶舌质硬，顶具细毛；叶耳膜质，褐色；叶片灰绿色，上面粗糙或被长柔毛、下面无毛。穗状花序直立，穗轴节间长 1.5~3cm，棱边具小刺毛；小穗含 5~11 小花，小穗轴节粗糙；颖长圆形，顶端钝圆或稍平截，具 5 脉，粗糙，第一颖稍短于第二颖；外稃宽披针形，顶端钝或具短尖头，具 5 脉，粗糙，第一外稃长 10~12mm；内稃稍短于外稃，顶端钝圆，脊上具细纤毛。花、果期 5~8 月。

宁夏有引种栽培。模式标本采自欧洲中部。

13. 赖草属 Leymus Hoch.

（1）窄颖赖草 Leymus angustus (Trin.) Pilger

多年生草本。秆直立，单生，具鞘内分蘖而成丛，具 2~3 节，节部及花序下部分被微毛。叶鞘长于节间，无毛或仅上部边缘具纤毛；叶舌膜质，先端圆形，具裂齿；叶片质地坚硬，上面无毛，下面粗糙或密生极短的微毛，内卷，先端呈锥状。圆锥花序直立，长 9~15cm，穗轴被柔毛，每节上着生 2~3 个小穗，小穗含 2~3 朵小花；颖线状披针形，两颖等长或第一颖稍短，下部稍扩展，具宽的膜质边缘，覆盖外稃基部，先端呈芒状，粗糙或边缘具短纤毛，背部具 1 条不明显的脉，无毛；外稃披针形，背部无毛，两侧贴生短毛，上部具不明显的 5~7 脉，先端延伸成芒，基盘被毛；内稃与外稃等长，脊上粗糙。花期 6 月。

产宁夏银川市和盐池县，生长于沙质地。分布于甘肃、内蒙古、青海和新疆。

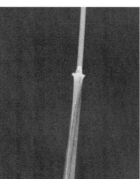

（2）羊草 *Leymus chinensis* (Trinius ex Bunge) Tzvelev

多年生草本植物。具下伸或横走根茎。须根具沙套。秆散生，直立，具 4~5 节。叶鞘光滑，基部残留叶鞘呈纤维状，枯黄色；叶舌截平，顶具裂齿，纸质；叶片扁平或内卷，上面及边缘粗糙，下面较平滑。穗状花序直立；穗轴边缘具细小睫毛；小穗含 5~10 小花，通常 2 枚生于 1 节，或在上端及基部者常单生，粉绿色，成熟时变黄；小穗轴节间光滑；颖锥状，等于或短于第一小花，不覆盖第一外稃的基部，质地较硬，具不显著 3 脉，背面中下部光滑，上部粗糙，边缘微具纤毛；外稃披针形，具狭窄膜质的边缘，顶端渐尖或形成芒状小尖头，背部具不明显的 5 脉，基盘光滑；内稃与外稃等长，先端常微 2 裂，上半部脊上具微细纤毛或近于无毛；花果期 6~8 月。

产宁夏南华山和哈巴湖，生于平原绿洲。分布于甘肃、河北、黑龙江、河南、吉林、辽宁、内蒙古、青海、陕西、山东、山西和新疆。

（刘冰 拍摄）

（3）毛穗赖草 *Leymus paboanus* (Claus) Pilger

多年生草本。秆直立，丛生，具 2~3 节，无毛。叶鞘短于节间或上部的长于节间，无毛或基部叶鞘被短微柔毛；叶舌膜质，近截平；叶片扁平或内卷，先端呈锥状，两面被短微柔毛或下面光滑。穗状花序直立，花序轴被柔毛，每节着生 2 个小穗，稀 1 或 3 小穗，每小穗含 3~5 花；颖锥形，先端窄狭呈锥状，粗糙，具 1 脉，两颖近等长；外稃披针形，先端延伸成芒，芒上部具不明显的 5 脉，背部密被柔毛，基盘被毛；内稃与外稃等长或稍长，先端微 2 裂，上半部脊上具短纤毛。花期 6 月。

产宁夏银川市，生于沟渠旁或荒地。分布于甘肃、青海、新疆等。

（4）赖草 *Leymus secalinus* (Georgi) Tzvel.

多年生草本。秆直立，单生或疏丛生，质地坚硬，具 2~3 节，上部密生短柔毛，花序下尤密。叶鞘短于节间，无毛或上部边缘具纤毛；叶舌膜质，截平；叶片两面密生短毛或上面粗糙，扁平或干时内卷。穗状花序直立，穗轴被柔毛，每节着生 2~3 小穗，稀 1 或 4 个小穗；小穗含 4~8 朵小花，小穗轴被微柔毛；颖锥形，先端狭窄呈芒状，具 1 脉，上半部粗糙，第一颖短于第二颖；外稃披针形，下部两侧被柔毛，先端延伸成芒，上部具 5 脉，基盘被毛，内稃与外稃等长，先端微 2 裂，上半部脊上具短纤毛。花期 6~7 月。

宁夏全区普遍分布，生于山坡、丘陵、沙地、荒地、路边。分布于新疆、甘肃、青海、陕西、四川、内蒙古、河北、山西、东北等。

14. 冰草属 *Agropyron* Gaertn.

（1）沙芦草 *Agropyron mongolicum* Keng

多年生草本。具根状茎，须根长而密集，具沙套。秆直立或基部节膝曲，具 2~3 节，有时可达 6 节。叶鞘紧密裹茎，短于节间，无毛；叶舌干膜质，先端截平，具小纤毛；叶片内卷或扁平，先端渐尖，上面及边缘粗糙，背面光滑。穗状花序；穗轴节间，有时基部节间，光滑；小穗具 5~8 花，小穗轴节无毛；两颖不等长，先端尖，边缘膜质，具 3~5 脉；外稃光滑或上部边缘微被毛，先端尖或具小尖头，具 5 脉，内稃等长于外稃或略长于外稃，先端钝，脊上具短纤毛；花药黄色，线形。花果期 7~8 月。

产宁夏贺兰山及盐池、灵武、同心等市（县），生于干旱山坡或沙地。分布于内蒙古、陕西、甘肃、山西、新疆等。

（2）沙生冰草 *Agropyron desertorum* (Fisch.) Schult.

多年生草本。具横走的根状茎，节上生须根，须根具沙套。秆直立，丛生，具 2~3 节，光滑或在花序下被短毛。叶鞘紧密裹茎，短于节间，无毛；叶舌干膜质，边缘具纤毛；叶片内卷，上面粗糙，背面光滑。穗状花序直立，穗轴节间，密生柔毛；小穗含 4~6 花；小穗轴节间，微被短毛；颖舟形，边缘膜质，第一颖具 3 脉，脊上疏具柔毛，芒粗糙，第二颖具 1 脉；外稃舟形，背面被柔毛，具 5 脉，基盘圆钝，无毛；第一外稃粗糙，内稃与外稃等长，脊上具短纤毛，先端 2 裂。花果期 6~8 月。

产宁夏西吉、盐池及银川等市（县），生于山坡或沙质地。分布于内蒙古、青海、陕西和新疆。

（3）冰草 *Agropyron cristatum* (L.) Gaertn.

多年生草本。须根具沙套。秆疏丛生，基部节常膝曲，具 2~3 节，无毛或上部被倒生长柔毛。叶鞘紧密裹茎，边缘狭膜质，短于节间，无毛或疏被柔毛；叶舌干膜质，顶端截平，具微小齿；叶片扁平或边缘内卷，上面被长柔毛或粗糙，背面疏被柔毛或光滑。穗状花序直立，卵状椭圆形、卵状长椭圆形或长椭圆形，穗轴节间密生短柔毛；小穗紧密排列 2 行呈篦齿状，具 7~8 朵花；颖舟形，边缘膜质，背面被长柔毛；外稃背部被柔毛，基盘圆钝，内稃与外稃等长，脊上具短纤毛，顶端 2 裂；花药黄色。花果期 6~9 月。

产宁夏贺兰山、南华山及同心、盐池、中卫等市（县），生于干旱山坡。分布于甘肃、河北、黑龙江、内蒙古、青海和新疆。

15. 小麦属　*Triticum* L.

小麦 *Triticum aestivum* L.

一年生或越年生（冬小麦）草本。秆疏丛生，因土壤瘠肥和环境不同分蘖多少而有变化，通常具 6~7 节。叶鞘通常短于节间；叶舌短小，膜质；叶片线状披针形。穗状花序直立；小穗具 3~9 花，上部花常不发育；颖革质，背部具锐脊，具 5~9 脉，顶端具短而凸出的尖头；外稃厚纸质，具 5~9 脉，顶端通常具芒，芒长度变化极大，内稃与外稃等长，脊具窄翼，翼缘具微细纤毛。颖果矩圆形或卵形。

宁夏广为栽培，品种及类型极多。全国广泛栽培。

16. 虉草属 *Phalaris* L.

虉草 *Phalaris arundinacea* L.

多年生草本。秆直立，通常单生或少数丛生。叶鞘短于或下部者长于节间，无毛；叶舌薄膜质；叶片扁平。圆锥花序紧密狭窄，分枝上升，密生小穗；小穗无毛或被细小微毛；颖脊上粗糙，上部具极狭的翼；孕花外稃软骨质，宽披针形，5 脉，上部具柔毛；内稃披针形，具不明显的 2 脉，具 1 脊，脊的两旁疏生柔毛；不孕外稃 2，退化为线形，具柔毛。花果期 6~8 月。

产宁夏六盘山，生于山谷溪旁或水湿处。分布于安徽、甘肃、河北、黑龙江、河南、湖北、湖南、江苏、江西、吉林、辽宁、内蒙古、青海、陕西、山东、山西、四川、台湾、新疆、云南和浙江。

17. 剪股颖属 *Agrostis* L.

（1）细弱剪股颖 *Agrostis capillaris* L.

多年生草本。秆丛生，细弱，直立或基部常膝曲，具 2~5 节，最上一个节位于秆的中部或中部以下。叶鞘无毛，长于节间；叶舌膜质，先端平，常撕裂，背面稍粗糙；叶片扁平或稍内卷，线形，先端渐尖，两面及边缘粗糙。圆锥花序开展，每节具 2~5 个分枝，分枝斜伸或上举，粗糙，小穗柄顶端棒状，微粗糙；两颖等长或第一颖稍长，先端尖，脊上部稍粗糙；外稃膜质，先端平，中脉稍突出成齿，无芒，基盘无毛，内稃长为外稃的 2/3；花药黄色。花果期 6~9 月。

产宁夏贺兰山，生于湿地。分布于河南、内蒙古、山西和新疆。

（2）巨序剪股颖 *Agrostis gigantea* Roth.

多年生草本。秆直立，多基部膝曲，具 4~6 节，无毛。叶鞘无毛，常短于节间；叶舌膜质，长圆形，先端齿裂，背面稍粗糙；叶片扁平，两面及边缘具小刺毛，粗糙。圆锥花序开展，绿紫色，每节具 (2)3~5 个分枝，分枝斜升或上举，粗糙，下部常裸露；小穗柄粗糙，先端膨大；两颖近等长或第一颖稍长，先端尖，具 1 脉，脊上粗糙；外稃具 5 脉，顶端钝，无芒，内稃长为外稃的 2/3，具 2 脉；花药黄色。花果期 6~9 月。

产宁夏贺兰山及南华山，生于湿润草地或水边。分布于东北、华北、西北及华东。

（3）西伯利亚剪股颖 *Agrostis stolonifera* L.

多年生草本。秆丛生，直立或基部膝曲，具 3~5 节。叶鞘无毛，长于节间；叶舌膜质，先端钝，不规则撕裂；叶片扁平，线形，先端渐尖，两面粗糙。圆锥花序紧缩，每节具 2~4 个分枝，分枝上举，被短毛或粗糙，自基部即着生小穗，小穗柄先端棒状，疏被短毛或粗糙；两颖等长或第二颖稍短，带紫色，先端尖，脊上粗糙；外稃膜质，与颖等长或稍短于颖，先端尖，无芒，基盘无毛或具短微毛；内稃长为外稃的一半；花药长约 1.5mm。花果期 7~9 月。

产宁夏贺兰山，生于路边湿地。分布于安徽、甘肃、贵州、黑龙江、内蒙古、陕西、山东、山西、新疆、西藏和云南。

（刘冰　拍摄）

18. 拂子茅属　*Calamagrostis* Adans.

（1）拂子茅 *Calamagrostis epigeios* (L.) Roth

多年生草本。具细长横走根状茎。秆直立，无毛。叶鞘短于节间或基部者长于节间，稍粗涩；叶舌膜质，先端尖而常撕裂；叶片上面粗糙，下面光滑。圆锥花序紧密，圆柱形，下部具间断；小穗灰绿色或稍带紫色；颖近等长或第二颖稍短，先端长渐尖，具 1 脉或第二颖具 3 脉，主脉上粗糙；外稃透明膜质，长约为颖的 1/2，先端齿裂，芒自背面中部或稍上处伸出，内稃长为外稃的 2/3，基盘上的长柔毛与颖近等长；雄蕊 3，花药黄色。花果期 6~9 月。

宁夏全区普遍分布，生于低洼湿地、沟渠边、田埂等处；全国各地均有分布。

（2）大拂子茅 *Calamagrostis macrolepis* Litv.

多年生草本。具横走的细长根状茎。秆直立，无毛。叶鞘短于节间或下部者长于节间，无毛；叶舌膜质，长椭圆形，长 4~7mm，顶端圆形，常撕裂；叶片上面粗糙，背面光滑，平展或内卷。圆锥花序紧密，线状披针形，分枝直立，粗糙；小穗成熟时带紫色；颖线状披针形，不等长，第一颖先端长渐尖，具 1 脉，脉上粗糙，第二颖较第一颖短，具 3 脉；外稃膜质，顶端 2 裂，芒自中部稍上处伸出，粗糙，内稃较外稃短 1/3；雄蕊 3，花药黄色。花果期 6~9 月。

产宁夏贺兰山及引黄灌区，生于山坡、荒滩、沟渠边或田埂。分布于河北、黑龙江、吉林、内蒙古、青海、山西和新疆。

（3）假苇拂子茅 *Calamagrostis pseudophragmites* (Hall. F.) Koel.

多年生草本。根状茎细长，横走。秆直立，无毛。叶鞘短于节间或下部的长于节间，无毛；叶舌膜质，顶端圆形，常撕裂；叶片线形，上面及边缘粗糙，下面较平滑，扁平或内卷。圆锥花序开展，长椭圆状披针形或长椭圆形，分枝被短纤毛；颖不等长，线状披针形，脊上糙涩，第一颖具 1 脉，先端长渐尖，第二颖具 3 脉；外稃透明膜质，边缘粗糙，芒自顶端伸出，粗糙，内稃长为外稃的近一半；基盘的柔毛；雄蕊 3 个，花药黄色。花果期 6~9 月。

全区普遍分布，生于山坡草地、沟渠旁、田边等处。分布于甘肃、贵州、湖北、内蒙古、青海、四川、新疆、西藏、云南、辽宁、吉林、黑龙江。

19. 野青茅属 *Deyeuxia* Clar.

（1）野青茅 *Deyeuxia pyramidalis* (Host) Veldkamp

多年生草本。秆直立，其节膝曲，丛生，基部具被鳞片的芽，平滑。叶鞘疏松裹茎，长于或上部者短于节间，无毛或鞘颈具柔毛；叶舌膜质，顶端常撕裂；叶片扁平或边缘内卷，无毛，两面粗糙，带灰白色。圆锥花序紧缩似穗状，分枝3或数枚簇生，直立贴生，与小穗柄均粗糙；小穗草黄色或带紫色；颖片披针形，先端尖，稍粗糙，两颖近等长或第一颖较第二颖长，具1脉，第二颖具3脉；外稃稍粗糙，顶端具微齿裂，基盘两侧的柔毛长为稃体之1/5~1/3，芒自外稃近基部或下部1/5处伸出，近中部膝曲，芒柱扭转；内稃近等长或稍短于外稃；延伸小穗轴，与其所被柔毛。花果期6~9月。

产宁夏六盘山和南华山，生于山坡草地、林缘、灌丛山谷溪旁。分布于东北、华北、华中及陕西、甘肃、四川、云南、贵州等。

（2）大叶章 *Deyeuxia purpurea* (Trinius) Kunth

多年生草本。具横走根茎。秆直立，无毛。叶鞘短于节间，平滑无毛；叶舌膜质，先端钝，常撕裂；叶片线形，扁平，两面粗糙。圆锥花序稍开展，分枝细瘦，粗糙；颖近等长或第二颖稍短，披针形，先端及边缘常带紫色，先端渐尖，背面疏被短微毛或仅脊上具短纤毛；外稃先端2裂，芒自背面中部以下伸出，基盘密被与稃体等长的柔毛；内稃长为外稃的2/3；雄蕊3，花药黄色。花果期7~9月。

产宁夏六盘山，生于潮湿的山坡。分布于河北、黑龙江、湖北、吉林、辽宁、内蒙古、陕西、山西、四川和新疆。

20. 棒头草属　*Polypogon* Desf.

长芒棒头草 *Polypogon monspeliensis* (L.) Desf.

一年生草本。根须状，细弱。秆直立，4~5 节，无毛。叶鞘疏松裹茎，稍短于节间或下部的长于节间，无毛；叶舌厚膜质，不规则撕裂为狭披针形；叶片上面粗糙，下面光滑，两面无毛。圆锥花序穗状；颖等长或第二颖微短，倒卵状长椭圆形，具 1 脉，先端 2 浅裂，芒自裂口处伸出，粗糙，或第一颖的芒稍短；外稃无毛，先端具微齿，中脉延伸成与稃体近等长的细芒，芒易脱落。花果期 7~9 月。

产宁夏引黄灌区，生于沟渠边。分布于东北、西北、华东、华南。

21. 黄花茅属　*Anthoxanthum* L.

光稃香草 *Anthoxanthum glabrum* (Trinius) Veldkamp

多年生草本。秆高 15~22cm，具 2~3 节，上部长裸露。叶鞘密生微毛，长于节间；叶舌透明膜质，先端啮蚀状；叶片披针形，质较厚，上面被微毛。圆锥花序；小穗黄褐色，有光泽；颖膜质，具1~3脉，等长或第一颖稍短；雄花外稃等长或较长于颖片，背部向上渐被微毛或几乎无毛，边缘具纤毛；两性花外稃锐尖，上部被短毛。花果期6~9月。

产宁夏银川、中卫和六盘山，生于山坡或湿润草地。分布于安徽、河北、黑龙江、江苏、吉林、辽宁、内蒙古、青海、山东、新疆、云南和浙江。

22. 三毛草属　*Trisetum* Pers.

西伯利亚三毛草 *Trisetum sibiricum* Rupr.

多年生草本。具根状茎。秆直立，少数丛生，光滑。叶鞘短于节间，基部多少闭合，上部松弛，疏被柔毛；叶舌膜质，顶端不规则齿裂；叶片扁平，背面光滑，上面疏被长柔毛。圆锥花序开展，卵状披针形，草绿色或黄绿色，或稍带紫色；小穗含2~4花，通常含3花，小穗轴节间，被柔毛；颖短于小穗，第一颖具1脉，第二颖具3脉；第一外稃自顶端以下生芒，芒向外反曲，下部微扭转；内稃与外稃等长或稍短。花果期7~9月。

产宁夏六盘山，生于山坡草地或林缘。分布于甘肃、河北、黑龙江、河南、湖北、吉林、辽宁、内蒙古、青海、陕西、山西、四川、新疆和西藏。

23. 落草属 *Koeleria* Persoon

（1）落草 *Koeleria macrantha* (Ledebour) Schultes

多年生草本。秆直立，密丛生，在花序下密生绒毛，基部残存纤维状枯萎叶鞘。叶鞘灰白色或淡黄色，无毛或被短柔毛，短于节间；叶舌膜质，顶端截平或边缘呈细齿状；叶片灰绿色，狭窄，常内卷或扁平，被短柔毛或上面无毛，边缘粗糙。圆锥花序紧缩呈穗状或具凹缺，下部有间断，有光泽，草绿色或带紫色，主轴及分枝均被柔毛；小穗含 2~3 小花，无毛；小穗轴被微毛或近无毛；颖倒卵状长圆形或长圆状披针形，先端尖，边缘宽膜质，脊上粗糙，第一颖具 1 脉，第二颖具 3 脉，外稃披针形，具 3 脉，先端尖，边缘膜质，无芒，内稃稍短于外稃，先端 2 裂。花果期 6~7 月。

产宁夏贺兰山、罗山、南华山、六盘山，生于山坡、草地、路边。分布于东北、华北、西北及华东。

（2）芒落草 *Koeleria litwinowii* Domin

多年生草本。秆直立，丛生。叶鞘短于节间或下部长于节间，被柔毛；叶舌膜质，边缘须状；叶片扁平，两面被短柔毛，边缘具长纤毛。圆锥花序缩呈穗状，灰绿色或带淡棕色，下部有间断，具光泽，主轴及分枝均被短毛；小穗含 2 花，稀含 3 小花，小穗轴节间被较长的柔毛，顶生者毛较稀少。颖长圆形至披针形，先端尖，边缘宽膜质，脊上粗糙，第一颖具 1 脉，第二颖基部具 3 脉；外稃披针形，先端及边缘宽膜质，具不明显的 5 脉。花果期 6~8 月。

产宁夏南华山、六盘山，生于山坡、草地、路边。分布于甘肃、青海、四川、新疆、西藏和云南。

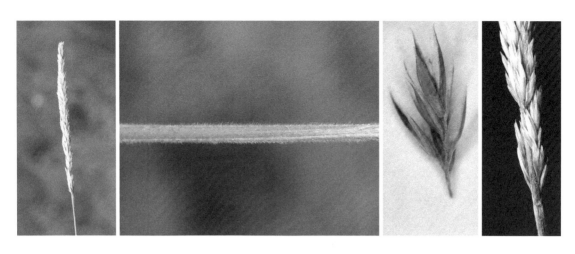

24. 异燕麦属　*Helictotrichon* Bess.

（1）高异燕麦 *Helictotrichon altius* (Hitchc.) Ohwi

多年生草本。秆直立，单生或疏丛生，具 3~4 节，节上具微毛。叶鞘疏松裹茎，通常短于节间，无毛或基部的密生微毛；叶舌膜质，截平；叶片扁平，被极短微毛或无毛。圆锥花序开展，基部各节具 4~6 个分枝，下部裸露，上部具 1~4 个小穗；小穗含 3~4 小花，顶小花退化，小穗轴节间背部具柔毛；颖膜质，第一颖具 1 脉，第二颖具 3 脉；第一外稃等长于第二颖，具 7 脉，基盘具白色长柔毛，芒自稃体中部以上伸出，约在下部 1/3 处膝曲，芒柱扭转；内稃甚短于外稃，脊上具微纤毛。花期 7 月。

产宁夏六盘山，生于山坡草地。分布于甘肃、青海、黑龙江和四川。

（2）异燕麦 *Helictotrichon hookeri* (Scribner) Henrard

多年生草本。须根细弱。秆直立，丛生，光滑无毛，通常具 2 节。叶鞘松弛，无毛或基部的粗糙或被极短的微毛，背部具脊；叶舌透明薄膜质，先端尖；叶片扁平，直立，先端渐尖，边缘软骨质，粗糙，两面无毛。圆锥花序顶生，紧缩，穗轴粗糙，每节上着生 1~2 个小穗；小穗含 3~5 小花；小穗柄被短柔毛；颖披针形，上部膜质，下部近草质，先端渐尖，两颖基部均具 3 脉；外稃披针形，上部透明膜质，下部近草质，具 7 脉，第一外稃芒自稃体中部稍上处伸出，下部 1/3 处膝曲，芒柱扭转，基盘具长柔毛；内稃短于外稃，第一内稃脊上具短纤毛。花期 6 月。

产宁夏月亮山，生于山坡草地。分布于甘肃、河北、黑龙江、河南、吉林、辽宁、内蒙古、青海、陕西、山西、四川、新疆和云南。

（3）蒙古异燕麦 *Helictotrichon mongolicum* (Roshev.) Henr.

多年生草本。秆直立，丛生，光滑或粗糙，高 12~60cm，具 1~2 节。叶鞘粗糙或被微毛，多长于节间；秆生叶舌较短，平截，顶端被微毛；叶片窄线形，常纵卷，茎生者短，光滑或粗糙。圆锥花序常偏向 1 侧，紧缩或稍开展，花序轴粗糙或被短毛，每节常具 2 枚分枝，分枝短，被短毛；小穗披针形，含 3 小花，顶花常退化，淡褐色带紫红色或稻黄色带紫红色，小穗轴节间被柔毛；颖近相等，紫红色，披针形，先端长渐尖，边缘膜质，第一颖具 1 脉，第二颖具 3 脉；外稃狭披针形，具 5~7 脉，先端齿裂，基盘被较短的毛，芒自稃体中部伸出，膝曲，芒柱扭转；内稃较外稃稍短，2 脊粗糙；雄蕊 3，花药黄色或稍带紫色；子房顶端密被柔毛。花果期 6~9 月。

产宁夏贺兰山，生于高山林下、亚高山草甸及河岸山坡。分布于内蒙古和新疆。

（4）光花异燕麦 *Helictotrichon leianthum* (Keng) Henr.

多年生草本。秆直立，密丛生，具 2~3 节，无毛或节下部疏被倒生微毛。叶鞘松弛，通常长于节间，无毛；叶舌膜质，截平；叶片直立或斜升，下面无毛，上面被极短微柔毛。圆锥花序下垂，分枝细弱，下部裸露，上部具 1~4 个小穗；小穗含 3~4 个小花，小穗轴节间仅上部被柔毛；颖光滑无毛，第一颖具 1 脉，第二颖具 3 脉；第一外稃具 7 脉，基盘被短毛，芒自稃体上部 2/5 处伸出，其下部 1/3 处稍膝曲，芒柱稍扭转；内稃窄狭，甚短于外稃，脊上具纤毛。花期 7 月。

产宁夏六盘山及固原市，生于山坡林缘或山谷中。分布于安徽、甘肃、贵州、湖北、陕西、山西、四川、云南和浙江。

（朱鑫鑫　拍摄）

25. 燕麦属　*Avena* L.

（1）莜麦 *Avena chinensis* (Fisch. ex Roem. et Schult.) Metzg.

一年生草本。秆直立，丛生。叶鞘松弛，基生者常被微毛；叶舌透明膜质；叶片扁平，微粗糙，基部边缘有时疏生纤毛。圆锥花序开展，金字塔形，分枝具角棱，刺状粗糙；小穗含 3~6 花；小穗轴坚韧，无毛，常弯曲，第一节间长达 1cm；颖草质，几相等，具 7~11 脉；外稃无毛，草质而较柔软，具 9~11 脉，基盘无毛，先端通常 2 裂，第一外稃无芒或第一外稃上部 1/4 以上具芒，芒细弱，直立或反曲；内稃甚短于外稃，脊上具纤毛；颖果与内稃分离。

宁夏固原市各县有栽培。河北、河南、湖北、新疆和云南均有栽培。

（2）野燕麦 *Avena fatua* L.

一年生草本。秆直立，光滑。叶鞘松弛，光滑或基部者被微毛；叶舌透明膜质；叶片扁平，微粗糙或上面与边缘疏生微毛。圆锥花序开展，分枝具角棱，粗糙；小穗含 2~3 小花，柄弯曲下垂，顶端膨胀；小穗轴节间密生淡棕色或白色硬毛，其节脆硬易断落；颖草质，几相等，通常具 9 脉；外稃质地坚硬，第一外稃背面中部以下具淡棕色或白色硬毛，基盘密生短髭毛，芒自稃体中部稍下处伸出，膝曲，芒柱棕色，扭转。花果期 5~9 月。

宁夏普遍分布，多生于荒地、田间，为常见麦田杂草。我国南北各地均有分布。

（3）燕麦 *Avena sativa* L.

本种与野燕麦（*A. fatua*）相似，其主要区别为小穗含 1~2 小花；小穗轴近于无毛或疏生短毛，不易断落；第一外稃背部无毛，有芒或否，第二外稃无毛，通常无芒。

宁夏有栽培，田间常有逸生。我国东北、华北、西北多栽培。

26. 发草属 *Deschampsia* Beauv.

发草 *Deschampsia cespitosa* (L.) P. Beauvois

多年生草本。秆直立，丛生。叶鞘上部者常短于节间，无毛；叶舌膜质，渐尖或2裂；叶片常纵向卷折；圆锥花序开展，分枝细弱，平滑或微粗糙，中部以下多裸露，上部疏生小穗；小穗草绿色或褐紫色，小穗轴节间，具柔毛；第一颖具1脉，第二颖等长或稍长于第一颖，具3脉；第一外稃基盘两侧的毛长达稃体的1/3；芒自外稃基部1/4~1/5处伸出，颈直，稍短乃至略长于稃体；内稃等长或略短于外稃。

产宁夏六盘山，生于海拔2200~2900m的高山湿润草地。分布于甘肃、黑龙江、内蒙古、青海、陕西、四川、台湾、新疆、西藏和云南。

27. 鸭茅属 *Dactylis* L.

鸭茅 *Dactylis glomerata* L.

多年生草本。秆直立，单生或少数丛生。叶鞘无毛，通常闭合达中部以上，上部具脊；叶舌膜质，顶端撕裂；叶片扁平，边缘以及有时背部中脉上均粗糙。圆锥花序开展，基部通常具1分枝，稀具2分枝，分枝开展或斜向上升，小穗多聚集在分枝的上部；小穗含2~5花；颖披针形，脊上粗糙或具纤毛；第一外稃约与小穗等长，脊上粗糙或具纤毛，顶端具短芒；内稃与外稃近等长，脊上具纤毛。花果期6~8月。

产宁夏银川市，生于田埂或温室附近，可能是引种逸生的。分布于甘肃、贵州、湖北、陕西、四川、台湾、新疆、西藏、云南和浙江。

28. 羊茅属 *Festuca* L.

（1）短叶羊茅 *Festuca brachyphylla* Schult. et Schult. F.

多年生草本。须根细弱。秆直立，密丛生，光滑，基部常膝曲。叶集中于秆的下部，叶鞘长于节间，光滑无毛；叶舌短，膜质，截形或裂成齿牙状；叶片纵卷成针状，光滑。圆锥花序紧缩，每节具 1~2 分枝，分枝贴向主轴，被微毛；小穗绿色带暗紫色，含 3~5 朵花；颖宽披针形，先端渐尖，背面无毛；第一颖具 1 脉，第二颖具 3 脉；外稃披针形，具不明显的 5 脉，背面无毛，第一外稃先端具短芒；内稃与外稃等长，先端具 2 齿，脊上光滑，脊间无毛。花果期 6~7 月。

产宁夏贺兰山，生于高山草甸、林缘或路边。分布于新疆、甘肃、青海、西藏。

（2）矮羊茅 *Festuca coelestis* (St.-Yves) Krecz. et Bobr.

多年生草本。须根细弱。秆直立，密丛生。叶鞘疏松裹秆，长于节间，无毛，边缘膜质；叶舌膜质，截平或裂成齿牙状；叶片纵卷成针状，光滑。圆锥花序紧缩成穗状，每节具 1 分枝，分枝粗糙；小穗暗紫色，含 3~4 朵花；颖披针形，先端渐尖，无毛或背面上部被微毛，第一颖具 1 脉，第二颖 3~5 脉；外稃长圆状披针形，上部被微毛，第一外稃具 5 脉，芒暗紫色，粗糙；内稃与外稃近等长或稍短，先端微 2 裂，脊上部粗糙，脊间上部被微毛。花果期 6~7 月。

产宁夏六盘山，生于山坡草地或路边。分布于甘肃、湖北、内蒙古、青海、四川、新疆、西藏和云南。

（3）远东羊茅 *Festuca extremiorientalis* Ohwi

多年生草本。具短的根状茎。秆直立，疏丛生或单生。叶鞘短于节间，下部叶鞘被微毛；叶舌膜质，黄锈色；叶片扁平，上面平滑或疏被短柔毛，背面粗糙。圆锥花序开展，疏散，顶端稍下垂，分枝孪生，细弱，下部分枝长达 15cm，与小穗柄棱上均具微毛；小穗绿色，含 3~5 朵花，小穗轴节间，被微毛；颖狭披针形，先端渐尖，边缘膜质，无毛，第二颖具 3 脉；外稃披针形，上部被微毛，具明显的 5 脉，第一外稃长约 5mm，先端渐尖或具 2 微齿，芒直伸，粗糙；内稃与外稃近等长或稍短，脊上平滑或微粗糙。花果期 7~8 月。

产宁夏六盘山，生于林下或山谷潮湿处。分布于甘肃、河北、黑龙江、吉林、内蒙古、青海、陕西、山西、四川和云南。

（4）羊茅 *Festuca ovina* L.

多年生草本。须根细弱。秆细瘦，直立，密丛生，无毛或上部粗糙。叶鞘短于节间，无毛；叶舌膜质，通常宽出叶片呈耳状；叶片纵卷成针形，背面粗糙。圆锥花序较紧缩，每节具 1~2 个分枝，分枝与小穗柄均具微毛，小穗灰绿色，含 3~6 朵花，小穗轴节间，被微毛；颖披针形，先端渐尖，背面上部疏被微毛，第一颖具 1 脉，第二颖具 3 脉；外稃长圆状披针形，先端渐尖，边缘及背面上部具微毛，第一外稃具 5 脉，无芒或具小尖头；内稃与外稃等长，脊上粗糙，脊间具微毛。花果期 6~7 月。

产宁夏六盘山，生于向阳山坡草地。分布于黑龙江、吉林、内蒙古、陕西、甘肃、青海、新疆、四川、云南、西藏、山东及安徽。

（5）紫羊茅 *Festuca rubra* L.

多年生草本。根状茎横走，褐色。秆直立，疏丛生或单生，基部常倾斜或膝曲，光滑，节褐色。叶鞘松弛，短于节间，无毛或基部叶鞘被短柔毛；叶舌极短，顶端裂成齿牙状；叶片扁平或对折，两面光滑。圆锥花序开展，每节具 1~2 个分枝，分枝与小穗柄均具微毛；小穗淡紫色，含 3~6 朵花；颖狭披针形，先端渐尖，第一颖具 1 脉；外稃长圆形，具不明显的 5 脉，近边缘及上半部被微毛，第一外稃先端微 2 齿；内稃与外稃近等长，脊上部微粗糙，脊间被微毛，向基毛渐少或近于无毛。花果期 6~8 月。

产宁夏六盘山，生于山坡草地。分布于黑龙江、吉林、辽宁、河北、内蒙古、山西、陕西、甘肃、新疆、青海以及西南、华中大部分地区。

（6）毛稃羊茅 *Festuca rubra* subsp. *arctica* (Hackel) Govoruchin

本亚种与正种的区别在于外稃背部密被柔毛。产地与生境同正种。

29. 黑麦草属　*Lolium* L.

（1）黑麦草 *Lolium perenne* L.

多年生草本。秆丛生，具 3~4 节，质软，基部节上生根。叶片线形，柔软，具微毛，有时具叶耳。穗形穗状花序直立或稍弯；小穗轴节间平滑无毛；颖披针形，为其小穗长的 1/3，具 5 脉，边缘狭膜质；外稃长圆形，草质，具 5 脉，平滑，基盘明显，顶端无芒，或上部小穗具短芒；内稃与外稃等长，两脊生短纤毛。颖果长约为宽的 3 倍。花果期 5~7 月。

宁夏各地普遍引种栽培。

（2）多花黑麦草 *Lolium multiflorum* Lam.

一年生，越年生或短期多年生草生。高 50~130cm，具 4~5 节，较细弱至粗壮。叶鞘疏松；叶舌长达 4mm，有时具叶耳；叶片扁平，无毛，上面微粗糙。穗形总状花序直立或弯曲；穗轴柔软，节间无毛，上面微粗糙；小穗含 10~15 小花；小穗轴节间平滑无毛；颖披针形，质地较硬，具 5~7 脉，具狭膜质边缘，顶端钝，通常与第一小花等长；外稃长圆状披针形，具 5 脉，基盘小，顶端膜质透明，具长 5~15mm 之细芒，或上部小花无芒；内稃约与外稃等长，脊上具纤毛。颖果长圆形。果期 7~8 月。

宁夏作优良牧草普遍引种栽培。原产于非洲、欧洲、西南亚洲。

30. 碱茅属 *Puccinellia* Parl.

（1）朝鲜碱茅 *Puccinellia chinampoensis* Ohwi.

多年生草本。须根细弱。秆直立或基部膝曲，丛生，具 2~3 节，光滑无毛，顶叶鞘位于秆中部以下；叶鞘略短于节间，无毛；叶舌膜质，先端截平；叶片线形，扁平或内卷，先端渐尖，上面粗糙，下面平滑。圆锥花序开展，每节具 2~4 个分枝，分枝斜上升或近平展，下部裸露，具小刺毛而粗糙；小穗柄粗糙；小穗具 4~7 朵花，颖先端尖或第二颖先端稍钝而具纤毛状细裂齿，第一颖具 1 脉，第二颖具 3 脉；外稃先端具不明显的 5 脉，先端截平且具不整齐的细裂齿，背部紫色，先端边缘带黄色，第一外稃基部具短毛，内稃与外稃近等长或稍长于外稃，脊上部粗糙；花药线形。花果期 6~9 月。

产宁夏南华山和银川市等地，生于山坡草地、田边、荒地或沙质地。分布于河北和辽宁。

（2）碱茅 *Puccinellia distans* (L.) Parl.

多年生草本。秆直立或基部膝曲，丛生，具 2~3 节。叶鞘无毛，长于节间；叶舌膜质，顶端截平，两侧下延成叶鞘的膜质边缘；叶片内卷，上面粗糙，下面近平滑。圆锥花序开展，每节具 2~5 个分枝，分枝细长，平展或斜升，下部裸露，微粗糙；小穗柄极短或缺；小穗，具 5~7 朵花，小穗轴平滑；颖先端钝，具不整齐的细裂齿，第一颖具 1 脉，第二颖具 3 脉；外稃先端钝或截平，具不整齐的细裂齿，具不明显的 5 脉，背部紫色，先端带黄色，基部具短毛，内稃与外稃等长或稍长于外稃，脊上微粗糙；花果期 5~6 月。

产宁夏银川及盐池等市（县），生于田边、荒地及轻度盐碱地上。分布于河北、黑龙江、河南、江苏、吉林、辽宁、陕西、山东、山西和新疆。

（3）鹤甫碱茅 *Puccinellia hauptiana* **(Trin.) Krecz.**

多年生草本。秆直立或基部膝曲，丛生，具 2 节。叶鞘无毛，长于节间；叶舌膜质，三角形，两侧边缘下延成叶鞘的膜质边缘；叶片内卷或在分蘖上扁平，上面及边缘粗糙，下面平滑。圆锥花序开展，每节具 2~8 个分枝，分枝平展，下部裸露，光滑；小穗柄粗糙，小穗具 4~7 花；第一颖先端尖，具 1 脉，第二颖先端钝，具纤毛状细裂齿，具 3 脉；外稃先端截平，膜质，带黄色，具不整齐的细裂齿，基部具短毛，具不明显的 5 脉，内稃与外稃等长，先端微凹；花药椭圆形。花果期 6~8 月。

产宁夏贺兰山及中卫、盐池等市（县），生于山坡草地或田边、荒地。分布于安徽、甘肃、河北、黑龙江、江苏、吉林、辽宁、内蒙古、青海、陕西、山东、山西和新疆。

（4）微药碱茅 *Puccinellia micrandra* (Keng) Keng

多年生草本。须根纤细。秆直立或基部膝曲，丛生，具 2~3 节，无毛。叶鞘微粗糙，长于节间；叶舌膜质，常 2 裂；叶片质较硬，直立，内卷，上面被短刺毛而粗糙，下面近光滑。圆锥花序开展，每节具 2~6 个分枝，分枝粗糙，下部裸露，斜升或平展；小穗柄粗糙，小穗含 2~5 小花；颖先端尖，边缘具纤毛状细裂齿，第一颖具 1 脉，第二颖具 3 脉；外稃先端截平，且具纤毛状细裂齿，具不明显的 5 脉，背部紫色，先端边缘带黄色，基盘疏被短毛，内稃与外稃等长，先端具细齿，脊上平滑；花药椭圆形。花果期 5~7 月。

产宁夏六盘山及银川、盐池、平罗等市（县），生于山谷水边或沟渠旁。分布于甘肃、河北、黑龙江、江苏、内蒙古和山西。

（5）星星草 *Puccinellia tenuiflora* (Turcz.) Scribn. et Merr.

多年生草本。秆直立或基部膝曲，丛生，具 3~4 节，无毛或花序下被短毛。叶鞘无毛，常略短于节间，顶部叶鞘位于秆的中部以下；叶舌膜质，顶端截平或钝圆；叶片内卷，上面具短刺毛而粗糙，背面微粗糙。圆锥花序开展，主轴光滑，每节具 2~4 个分枝，分枝斜上升或平展，下部裸露，光滑或上部微粗糙，小穗柄粗糙；小穗具（2）3~5 花；颖先端钝，边缘具不整齐的细裂齿；外稃先端钝，具不明显的 5 脉，背部紫色，先端带黄色，基部具微毛，内稃等长于外稃，脊上部微粗糙；花药线形。花果期 6~8 月。

产宁夏银川市，生于田边。分布于安徽、甘肃、河北、黑龙江、吉林、辽宁、内蒙古、青海、山西和新疆。

31. 看麦娘属　*Alopecurus* L.

苇状看麦娘 *Alopecurus arundinaceus* Poir.

多年生草本。根状茎细长，横走，棕色。秆直立，单生或少数丛生，2~4 节，无毛。叶鞘松弛，短于节间，无毛；叶舌膜质；叶片斜升，背面粗糙，上面平滑。圆锥花序圆柱状；颖等长；先端尖，直伸或稍向外开展，基部边缘连合，脊上具纤毛，两侧无毛或上部疏生短毛；外稃膜质，稍短于颖；芒自稃体中部伸出，有时更短或无。花果期 6~8 月。

产宁夏六盘山及泾源、固原、隆德等市（县），生于沼泽地及渠沟边。分布于甘肃、黑龙江、内蒙古、青海和新疆。

32. 菵草属 *Beckmannia* Host

菵草 *Beckmannia syzigachne* (Steud.) Fern.

一年生草本。叶鞘多长于节间，或基部的短于节间，无毛；叶舌透明膜质；叶片背面粗糙，两面无毛。圆锥花序狭窄，由穗状花序组成分枝，直立或斜升；小穗压扁，近圆形或三角状宽倒卵形，通常含 1 朵小花，颖草质，背部灰绿色，边缘稍薄，基部疏生长柔毛；外稃披针形，具 5 脉，与颖等长，先端具伸出颖外之短尖头，内稃与外稃等长。花果期 6~9 月。

产宁夏六盘山及引黄灌区，生于湿地或山谷溪边。我国南北各地均有分布。

33. 粟草属 *Milium* L.

粟草 *Milium effusum* L.

多年生草本。须根细弱，稀疏。秆质较弱，光滑无毛，具 3~5 节。叶片线状披针形，质地软薄，平滑，边缘微粗糙；中上部叶鞘短于节，松弛，通常光滑无毛；叶舌透明膜质。圆锥花序开展，分枝细弱，粗糙或光滑，下部多数簇生；分枝下部裸露，上部着生小枝或小穗；小穗含 1 花，椭圆形，灰绿色；颖纸质，微粗糙，具 3 脉；外稃软骨质，光亮，具 3 脉，内稃与外稃等长，同质。花果期 5~7 月。

产宁夏六盘山，生于林下或阴湿处。分布于我国东北、长江流域及河北、陕西。

34. 早熟禾属　*Poa* L.

（1）高株早熟禾 *Poa alta* Hitchc.

多年生草本。秆直立，下部的节有时膝曲，质较柔软，具3~4节。叶鞘通常短于节间，无毛，顶生叶鞘长达17cm，多长于其叶片或稀较短；叶舌膜质，先端钝或截平；叶片较硬，扁平，上面稍粗糙，下面平滑。圆锥花序疏松，开展，长10~20cm，每节大多具2分枝，下部2/3或1/2裸露，上部可再3叉分枝；小穗绿色或顶端稍带紫色，含3~4花；颖具3脉，先端锐尖，仅脊上稍粗糙，较第一颖宽；外稃披针形，先端锐尖，顶端具狭膜质，具不明显的5脉，第一外稃，边脉下部1/2和脊下部2/3具长柔毛，基盘具中量的棉毛；内稃等长或稍短于外稃，顶生小花中可较长于外稃，先端微凹，脊上粗糙。花期6~7月。

产宁夏六盘山，生于潮湿草地。分布于黑龙江、吉林、辽宁、内蒙古、陕西、山西、四川、新疆、西藏和云南。

（2）极地早熟禾 *Poa arctica* R.

多年生草本。具细长根茎。秆直立，疏丛生，细弱，光滑，具2~3节。叶鞘质薄，光滑，下部者生于节间，上部者短于节间，顶生叶鞘于中部以下闭合；叶舌膜质，先端截平或呈细齿状；叶片质薄，茎生者，蘖生者线形。圆锥花序开展，绿色或带紫色，分枝通常孪生，上升或平展，通常仅顶端生2~4个小穗；小穗柄短于小穗；小穗含（2）3~5小花；颖质较薄，边缘及先端宽膜质，第一颖先端尖，具1脉，第二颖先端尖或钝，具3脉；外稃质薄，先端钝，具宽膜质，脊下部具较长的柔毛，脊上部粗糙，边脉下部1/3具柔毛，脉间常贴生微毛，基盘具大量棉毛；内稃稍短于外稃，先端微凹，脊上粗糙，脊间被微毛。花果期6~7月。

产宁夏贺兰山，生于山坡。分布于黑龙江、吉林。

（3）菫色早熟禾 *Poa araratica* Trautv. subsp. *ianthina* (Keng ex Shan Chen) Olonova & G. Zhu

多年生草本。秆直立，密丛生，具 3~4 节，中部以上裸露，基部具略带紫红色的叶鞘，紧接花序以下稍粗糙。叶鞘长于节间，无毛，微糙涩，顶生叶鞘，长于其叶片；叶舌膜质；叶片质地较硬，直立，两面均粗糙，扁平或内卷。圆锥花序狭长圆形，紫色，每节具 2~3 个分枝；分枝上升或直立，下部 1/2~2/3 裸露；小穗含 2~4 小花，小穗轴节间，粗壮，被微毛；颖卵状披针形，先端锐尖，上部有时微粗糙，通常紫色而具白色或黄色的边缘，具 3 脉；外稃卵状披针形，先端较钝，通常紫色而顶端带有黄铜色，脊下部 1/2 及边脉与间脉基部 1/3 均具柔毛，基部脉间有时疏生微毛，基盘具少量棉毛；内稃等长或稍短于外稃，脊下部具小纤毛，脊间被微毛。花果期 6~9 月。

产宁夏贺兰山，生于山坡。分布于山西、河北、内蒙古、云南。

（4）渐尖早熟禾 *Poa attenuata* Trin.

多年生草本。秆直立，密丛生，通常具 2 节，大都平滑无毛或于花序下微糙涩。叶鞘大都短于节间或与节间等长，稀可稍长于节间，呈细点状糙涩，顶生者，长于其叶片 2~3 倍；叶舌膜质，长圆形或三角形，先端尖或钝，具 1 或 2 微齿；叶片糙涩或背面较平滑，对折或内卷。圆锥花序较紧密而狭窄，每节具 2~3 个分枝，分枝直立或稍开展，通常自基部或其附近即着生小穗；小穗含 3~5 小花，稀含 2 小花，灰绿色而微带紫色，小穗轴无毛；颖几相等，宽披针形，先端锐尖，具 3 脉，脊上粗糙，边缘狭膜质；外稃长圆形，微粗糙，先端有少许膜质，间脉不明显，脊中部以下及边脉下部 1/3 具较长的柔毛，基盘具中量棉毛；内稃与外稃等长，脊上具短纤毛。花果期 6~8 月。

产宁夏贺兰山、六盘山及西吉、盐池等县，生于山坡。分布于甘肃、河北、内蒙古、青海、陕西、四川、新疆、西藏和云南。

（5）法氏早熟禾 *Poa faberi* Rendle

多年生草本。秆直立或基部稍倾斜，疏丛生，具 3~4 节。叶鞘常逆向粗糙，上部多少压扁成脊，顶生者稍长于其叶片；叶舌膜质，先端尖；叶片两面粗糙，扁平。圆锥花序较紧密，每节具 3~5 个分枝，基部主枝，下部 1/3 或 1/2 裸露；小穗绿色，含 4 花；颖披针形，先端锐尖，具 3 脉；外稃披针形，先端钝或微尖，具 5 脉，间脉明显或否，脊下部 1/2 和边脉下部 1/3 具长柔毛，基盘具中量棉毛；内稃约短于外稃，最上部小花的内稃与外稃等长，脊上微粗糙。花期 6~7 月。

产宁夏贺兰山、罗山和六盘山，生于湿地或路边。分布于浙江、江苏、安徽、湖南、湖北、四川、西藏、云南、贵州。

（6）毛颖早熟禾 *Poa faberi* Rendle var. *longifolia* (Keng) Olonova & G. Zhu

多年生草本。秆直立，疏丛生，较软弱，微粗涩，具 3~4 节，顶节位于下部 1/3 处。叶鞘微糙涩，大都长于或有时稍短于节间，顶生者，长于其叶片；叶舌薄膜质；叶片质较薄，扁平，微糙涩。圆锥花序狭窄，分枝孪生，直立，中部以上疏生 1~4 个小穗；小穗灰绿色，含 3~4 花；颖质较薄，披针形，先端锐尖，具 3 脉，脊的上部粗糙，第一颖稍短于第二颖；外稃质较薄，先端具膜质，间脉尚明显，脊下部 1/3 与边脉基部 1/4 具较长的柔毛，脊上部 2/3 微糙涩，基盘具极少量的棉毛；内稃稍短于外稃，脊上部稍粗涩，基部近于平滑。花期 7~8 月。

产宁夏贺兰山，生于山沟林缘或草地。分布于甘肃、陕西、四川、新疆、西藏和云南。

（7）林地早熟禾 *Poa nemoralis* L.

多年生草本。秆直立，细弱柔软，疏丛生，具4~6节，顶节位于植株中部。叶鞘多长于节间，稀少短于节间，微糙涩，基部者稍带紫色，顶生者是叶片长的1/3；叶舌薄膜质，截平或钝头；叶片质薄，上面稍糙涩，背面平滑无毛，扁平。圆锥花序软弱，狭窄呈线形，每节具1~2个分枝，分枝细弱，下部裸露，上部通常着生2~6个小穗；小穗灰绿色，含1小花，颖披针形，具3脉，第一颖较第二颖短而狭，第二颖稍长于小花，先端渐尖，边缘膜质，脊上稍糙涩；外稃长圆形，先端及边缘有较多膜质，间脉不甚明显，脊及边脉下部1/4或1/3具较长的柔毛，基盘无毛或具其极少量的棉毛；内稃等长或稍长于外稃，质薄，脊上稍糙涩。花果期6~8月。

产宁夏六盘山及贺兰山，生于林下或灌丛中。分布于甘肃、贵州、河北、黑龙江、吉林、辽宁、内蒙古、陕西、山西、四川、新疆、西藏和云南。

（8）草地早熟禾 *Poa pratensis* L.

多年生草本。具发达的匍匐根状茎。秆疏丛生，直立，具2~4节。叶鞘平滑或糙涩，长于其节间，并较其叶片为长；叶舌膜质，蘖生者较短；叶片线形，扁平或内卷，顶端渐尖，平滑或边缘与上面微粗糙，蘖生叶片较狭长。圆锥花序金字塔形或卵圆形；分枝开展，每节3~5枚，微粗糙或下部平滑，二次分枝，小枝上着生3~6枚小穗，基部主枝长5~10cm，中部以下裸露；小穗柄较短；小穗卵圆形，绿色至草黄色，含3~4小花；颖卵圆状披针形，顶端尖，平滑，有时脊上部微粗糙，第一颖具1脉，第二颖具3脉；外稃膜质，顶端稍钝，具少许膜质，脊与边脉在中部以下密生柔毛，间脉明显，基盘具稠密长棉毛；内稃较短于外稃，脊粗糙至具小纤毛。颖果纺锤形，具3棱。花期5~6月，果期7~9月。

产宁夏贺兰山及六盘山，生于山坡、路边、草地。分布于黑龙江、吉林、辽宁、内蒙古、河北、山西、河南、山东、陕西、甘肃、青海、新疆、西藏、四川、云南、贵州、湖北、安徽、江苏、江西。

（9）高原早熟禾 Poa pratensis L. subsp. *alpigena* (Lindman) Hiitonen

多年生草本。具匍匐根茎。秆直立，疏丛生。叶鞘多长于节间，光滑，顶生叶鞘长于其叶片；叶片对折。圆锥花序卵形，较狭窄，每节具 2~4 个分枝，微粗糙，稍曲折，下部裸露；小穗含 2~3 花；颖近等长，脊上微粗糙；第一外稃间脉明显，脊下部 1/2 具长柔毛，上部粗糙，边脉下部 1/3 具柔毛，基盘具稠密的棉毛；内稃等长或稍短于外稃，脊上粗糙。花期 6~8 月。

产宁夏贺兰山，生于高山草甸。分布于河北、新疆和内蒙古。

（10）细叶早熟禾 *Poa pratensis* L. subsp. *angustifolia* (L.) Lejeun

多年生草本。具根茎。秆直立，丛生，平滑无毛。叶鞘短于节间而数倍长于其叶片；叶舌截平；叶片狭线形，茎生叶片，对折或扁平，顶生叶片长于其叶鞘，基部及分蘖上的叶片，内卷成线形。圆锥花序较狭窄，每节具 3~5 个分枝，分枝直立或上升，微粗糙，裸露部分长 1~2cm，侧生小穗柄较短；小穗含 2~5 个小花，绿色或带紫色；颖近等长或第一颖稍短，先端尖，脊上部微粗糙；外稃先端尖，具狭膜质，间脉明显，脊上部 1/3 粗糙，下部 2/3 及边脉下部 1/2 具长柔毛，基盘密生长棉毛；内稃等长于外稃或上部小花中较长于其外稃，脊上具短纤毛。花期 6~7 月。

产宁夏贺兰山、六盘山及固原市原州区，生于山坡或草地。分布于甘肃、贵州、河北、黑龙江、吉林、辽宁、内蒙古、青海、陕西、山东、山西、四川、新疆、西藏和云南。

（11）粉绿早熟禾 *Poa pratensis* L. subsp. *pruinosa* (Korotky) Dickore

多年生草本。具根状茎。秆直立，疏丛生，平滑无毛，具 2~3 节，顶节位于秆下部 1/5 或 1/4 处。叶鞘短于节间，平滑无毛，顶生叶鞘，长于其叶片；叶舌干膜质，先端尖或较钝；叶片平滑无毛或上面及边缘微粗糙，对折。圆锥花序卵状长圆形，每节具 3~5 个分枝；分枝上升或开展，下部较光滑，中部以上密生多数小枝及小穗；小穗带紫色，含 5~7 小花，小穗轴无毛；颖先端尖，脊上部微粗糙，第一颖具 1 脉，较狭窄，第二颖具 3 脉；外稃先端带有膜质，间脉明显或否，脊与边脉下部 2/3 或 1/2 具较长的柔毛，基盘具中量棉毛，内稃等长或稍短于外稃，先端微凹，脊上具极短的纤毛而其顶端及基部几近平滑。花期 6~8 月。

产宁夏贺兰山、月亮山及固原原州区、隆德、泾源等市（县），生于干旱山坡。分布于甘肃、黑龙江、青海、四川、新疆、西藏和云南。

（12）长稃早熟禾 *Poa pratensis* L. subsp. *staintonii* (Melderis) Dickore

多年生草本。具细长根状茎，节上生少数纤细须根。秆直立，疏丛生，具2节，顶节位于秆的中部或下部1/3处。叶鞘多短于节间，平滑无毛，下部闭合，顶生叶鞘，长于其叶片数倍；叶舌膜质，近于三角形，下部者较短；叶片两面平滑无毛，扁平，蘖生叶片，内卷。圆锥花序卵圆形或长圆形，每节分枝单生，开展，下部裸露；小穗卵形，含4~6个小花，灰绿色或带紫色，小穗轴节间，无毛；颖披针形，先端尖，第一颖具1脉，第二颖具3脉；外稃先端具少些膜质，具明显的5脉，脊下部1/2~2/3及边脉下部1/2具长柔毛，脊上部微粗糙，基盘具大量长棉毛；内稃稍短或等长于外稃。花期6月。

产宁夏贺兰山，生于山坡草地或林缘。分布于青海、西藏、四川和云南。

（13）西伯利亚早熟禾 *Poa sibirica* Roshev.

多年生草本。秆直立或基部稍倾斜，具3~4节，光滑。叶鞘除最基部者外均短于节间，顶生叶鞘，多少具脊，无毛；叶舌膜质，先端截平或遽尖；叶片茎生者，光滑，扁平。圆锥花序疏松开展，主轴下部节间，每节具2~5个分枝；分枝纤细，中部以下裸露；小穗绿色或带黑紫色，含2~5花；颖先端锐尖，上部和脉上稍粗糙；外稃先端急尖，具明显的5脉，全部无毛，仅上部粗糙，先端具狭膜质，内稃等长或稍短于外稃，顶端小花的内稃或稍长，先端微凹，脊上具极微小的纤毛。花期 6~7 月。

产宁夏南华山，生于山坡草地上。分布于黑龙江、吉林、辽宁、内蒙古、山西、河北、新疆和云南。

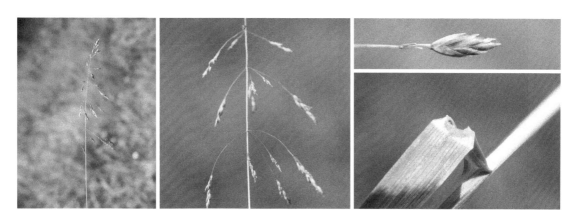

（14）硬质早熟禾 *Poa sphondylodes* Trin.

多年生草本。秆直立，密丛生，具 3~4 节，顶节位于下部 1/3 或 1/2 处，上部常裸露。叶鞘无毛，无脊，顶生者，长于其叶片；叶舌膜质，先端锐尖；叶片狭窄，扁平。圆锥花序稠密且紧缩，下部各节具 4~5 个分枝，上部者仅具 2~3 个分枝，侧枝极短，其基部即着生小穗；小穗柄短于小穗；小穗绿色，成熟后草黄色，含 4~6 小花；颖披针形，先端锐尖，第一颖稍短于第二颖，具 3 脉；外稃披针形，先端具极狭膜质，膜质下常黄铜色，具 5 脉，间脉不明显，脊下部 2/3 及边脉下部 1/2 具长柔毛，基盘具中量棉毛；内稃等长于外稃或上部小花中则稍长于外稃，先端微凹，脊上粗糙以至具极微小的纤毛。花果期 6~8 月。

产宁夏贺兰山、南华山及固原市原州区、西吉、海原等县，生于山坡、路边、草地。分布于黑龙江、吉林、辽宁、内蒙古、山西、河北、山东、江苏。

（15）多叶早熟禾 *Poa sphondylodes* Trin. var. *erikssonii* Melderis

多年生草本。具短根茎。秆直立，丛生，具 6~8 节，上部 1/3 裸露而粗糙。叶鞘粗糙，具脊，均较长于节间而互相跨覆，基部者带紫色，顶生者，稍短于其叶片；叶舌膜质，先端钝或较尖；叶片质较坚硬，直立，两面均粗糙，对折或边缘内卷。圆锥花序紧缩，绿色或成熟时带紫色，每节具 2~3 个分枝，分枝直立或与主轴贴生；小穗含 3~4 小花，小穗轴粗糙；颖披针形，先端锐尖或渐尖，具 3 脉；外稃披针形，先端具极少膜质，其下带黄铜色，间脉不明显，脊中部以下和边脉下部 1/3 具短或稍长的柔毛，基盘具少量棉毛；内稃等于或稍短于外稃，脊上粗糙。花期 6~7 月。

产宁夏贺兰山及六盘山，生于山坡草地。分布于河北、内蒙古、山西、河南、四川。

（16）垂枝早熟禾 *Poa szechuensis* Rendle var. *debilior* (Hitchcock) Soreng & G. Zhu

多年生草本。秆直立，丛生，较细弱，平滑无毛。叶鞘质较薄，长于节间，平滑无毛，下部闭合，顶生叶鞘，长于其叶片；叶舌膜质，先端截平且具不规则的微齿；叶片质较软，上面及边缘微粗糙，背面光滑无毛，扁平或上部者有时对折。圆锥花序开展，疏松，每节具 2~3 分枝，分枝弯曲而下垂；小穗灰绿而带淡紫色，含 3 小花；颖狭披针形，先端尖，脊上微粗糙，第一颖具 1 脉，第二颖较宽，具 3 脉；外稃长圆形，先端少有膜质，具明显的 5 脉，脊下部 1/2 及边脉下部 1/4 具短柔毛，基盘具极少量的棉毛；内稃稍短于外稃，脊上粗糙。花果期 5~7 月。

产宁夏贺兰山及六盘山，生于山坡草地。分布于甘肃、河北、青海、陕西、山西、四川和云南。

（朱鑫鑫　拍摄）

（17）山地早熟禾 *Poa versicolor* Boss subsp. *orinosa* (Keng) Olonova & G. Zhu

多年生草本。秆直立，丛生，具 3~4 节。叶鞘长于或短于节间，微粗糙；叶舌膜质，钝头；叶质较硬而常直立，上面粗糙，下面光滑，扁平或内卷。圆锥花序狭窄，线形，绿色或带紫色，分枝通常孪生，直立，中部以下裸露；小穗倒卵状披针形，偶有"胎生"现象，含 2~3 小花；颖先端锐尖，呈点状粗糙，具 3 脉；外稃先端具少些膜质，间脉不明显，脊中部以下与边脉下部 1/3 具柔毛，基盘具少量棉毛；内稃稍短于或长于外稃，脊上粗糙，脊间被微毛。花期 6~7 月。

产宁夏贺兰山，生于山坡。分布于河北、河南、青海、陕西、山西、四川、西藏和云南。

35. 三芒草属 *Aristida* L.

三芒草 *Aristida adscensionis* L.

一年生草本。秆丛生，直立或基部膝曲，无毛。叶鞘大都短于节间，无毛；叶舌短小，具白色纤毛；叶片常纵卷成针状，上面稍粗糙，下面光滑。圆锥花序长 7~15cm，分枝细弱，直伸；小穗线形，常带紫红色，颖膜质，具 1 脉，脉上粗糙；外稃与第二颖等长，具 3 脉，中脉上粗糙；芒粗糙，侧芒较短，基盘尖，被毛。花果期 5~8 月。

产宁夏贺兰山东麓山前洪积扇及同心、盐池等县，生于荒漠及干旱山坡。分布于甘肃、河北、内蒙古、青海、陕西、山东、山西、四川、新疆和云南。

36. 芦苇属 *Phragmites* Trin.

芦苇 *Phragmites australis* (Cav.) Trin. ex Steud.

多年生草本。根状茎粗壮，横走。秆直立，粗壮，节下通常具白粉。叶鞘无毛或被细毛；叶舌有毛；叶片扁平，光滑或边缘粗糙。圆锥花序卵状长椭圆形或卵状披针形，分枝斜升或稍开展，下部分枝腋间具白色长柔毛；小穗通常含 3~7 花；颖不等长，具 3 脉，第一颖先端稍钝，第二颖先端尖；第一小花通常雄性；第二小花两性，外稃顶端长渐尖，基盘密生白色长柔毛。内稃，具脊，脊上粗糙。花果期 7~11 月。

宁夏普遍分布，生于池沼、河边、沟渠旁、路边、湿润地及田间。全国各地均有分布。

37. 九顶草属 *Enneapogon* Desv. ex P. Beauv.

九顶草 *Enneapogon desvauxii* P. Beauvois

一年生草本。秆密丛生，直立或节膝曲，被柔毛，基部鞘内常隐藏小穗。叶鞘短于节间，密被柔毛；叶舌短，顶端具柔毛；叶片狭线形，卷折，两面被短柔毛。圆锥花序穗状，铅灰色；小穗通常含 2 小花，小穗轴节间无毛；颖质薄，披针形，先端尖，被短柔毛，具 3~5 脉；第一外稃疏被短柔毛，边缘毛密而长，基盘尖，被长柔毛，顶端具 9 条直立的羽状芒；内稃与外稃等长，具 2 脊，脊上疏生纤毛。花果期 5~10 月。

产宁夏中部干旱带以北地区，生于草地或砾石滩地。分布于安徽、甘肃、河北、辽宁、内蒙古、青海、山西、新疆和云南。

38. 画眉草属 *Eragrostis* Beauv.

（1）大画眉草 *Eragrostis cilianensis* (All.) Link ex Vignolo-Lutati

一年生草本。秆丛生，直立或斜升，节下通常有一圈腺体。叶鞘短于节间，具纵脉纹，脉上具腺体，鞘口有柔毛；叶舌退化为 1 圈短毛；叶片扁平或内卷，边缘通常具腺体。圆锥花序长圆形或圆锥形，分枝粗壮，单生，小枝及小穗柄上均具黄色腺体；小穗含 5 至多数小花；颖近等长或第一颖稍短；具 1 脉或第二颖具 3 脉，脊上常具腺点；外稃侧脉明显，先端稍钝，脊上常具腺点；内稃长为外稃的 3/4，脊上被短纤毛。花果期 6~8 月。

产宁夏六盘山及引黄灌区各市（县），生于荒地、路边、田埂或农田内。分布几遍全国。

（2）小画眉草 *Eragrostis minor* Host

一年生草本。叶鞘具腺点，尤其主脉上为显著，除鞘口具须毛外，脉间及边缘有时有稀疏的长柔毛；叶舌为一圈纤毛；叶片主脉及边缘具腺体，表面粗糙或疏生柔毛。圆锥花序开展，分枝单生，腋间无毛，小穗柄具腺体；小穗含 4 至多花；颖锐尖，近等长或第一颖稍短，通常具 1 脉，脉上常具腺体；外稃宽卵圆形，先端钝，侧脉明显，光滑无毛，主脉上亦常具腺体；内稃稍短于外稃，脊上具极短的纤毛。花果期 6~8 月。

宁夏普遍分布，生于荒地、路边、田埂、草地。分布几遍全国。

（3）画眉草 *Eragrostis pilosa* (L.) Beauv.

一年生草本。秆密丛生，直立或基部节膝曲。叶鞘松弛裹茎，长于节间，无毛，鞘口无毛；叶舌干膜质，顶端截平，具短纤毛；叶片上面粗糙，下面平滑，内卷或扁平。圆锥花序开展，分枝稍粗涩，基部分枝轮生，枝腋间无柔毛；小穗成熟后暗紫色或带紫色，含3~14小花；颖不等，膜质，先端钝或第二颖稍尖，第一颖常无脉，第二颖具1脉；外稃先端尖或钝，侧脉不明显；内稃作弓形弯曲。花果期5~8月。

产宁夏银川、贺兰、平罗、永宁等市（县），生于荒地、路边或渠沟旁。广泛分布于全国各地。

39. 隐花草属 *Crypsis* Aiton

（1）隐花草 *Crypsis aculeata* (L.) Ait.

一年生草本。须根细弱。秆丛生，平卧或斜升，无毛，常带紫红色。叶鞘短于节间，松弛，边缘膜质，无毛；叶舌短小，顶端密生纤毛；叶片质硬，两面无毛，先端内卷成针刺状。圆锥花序短缩成头状，下面紧托2苞叶；颖不等长，具1脉，第一颖狭窄，线形，第二颖较宽外稃具1脉；内稃与外稃等长或稍长于外稃；雄蕊2。花果期8~9月。

产宁夏引黄灌区，生于潮湿的盐碱地或低洼湿地。分布于安徽、甘肃、河北、河南、江苏、内蒙古、陕西、山东、山西、新疆和云南。

（2）蔺状隐花草 *Crypsis schoenoides* (L.) Lam.

一年生草本。须根细弱。秆丛生，平卧或斜升，无毛。叶鞘短于节间，松弛，多少肿胀，粗糙；叶舌长约 1mm，质硬，具柔毛；叶片背面粗糙，上面疏被柔毛和微毛，先端常内卷成针状。圆锥花序紧密，呈穗状，其下托 1 苞叶，花序下部包于苞叶鞘中；小穗颖质薄，具 1 脉，脉上具短纤毛，第一颖较狭窄，第二颖稍宽；外稃脊上具微毛，内稃与外稃等长或稍短；雄蕊 3 个。花果期 8~9 月。

产宁夏引黄灌区，生于低洼湿地或潮湿的盐碱荒地。分布于安徽、河北、河南、江苏、内蒙古、山东、山西和新疆。

40. 獐毛属　*Aeluropus* Trin.

獐毛 *Aeluropus sinensis* (Debeaux) Tzvel.

多年生草本。具短而坚硬的根头及匍匐茎。秆直立或斜升，基部密生鳞片状叶鞘，节密生柔毛。叶鞘长于节间，无毛；叶舌短，顶生纤毛；叶片质硬，扁平或顶端内卷呈针状。圆锥花序紧密呈穗状，分枝单生，紧贴主轴或斜升，自分枝基部即密生小穗；小穗含 4~10花；颖革质，边缘膜质，脊上微粗糙，第一颖狭窄，具 3 条不明显的脉，第二颖具 5~7 脉；外稃卵形，先端尖，具 9~10 脉，背部无毛；内稃与外稃近等长，先端钝或截平，脊上具微毛。花果期 5~8 月。

产宁夏银川及银川以北地区，多生于低洼潮湿的盐碱地，分布于甘肃、河北、河南、江苏、辽宁、内蒙古、山东、山西和新疆。

41. 虎尾草属 *Chloris* Swartz

虎尾草 *Chloris virgata* Sw.

一年生草本。根须状。秆丛生，直立或基部膝曲，无毛。叶鞘无毛，背部具脊，松弛，最上部的叶鞘常肿胀而包藏花序；叶舌具小纤毛；叶片扁平或折卷。穗状花序 4~10 余个成指状簇生于茎顶；小穗紧密地覆瓦状排列于穗轴的一侧；颖膜质，具 1 脉，具短芒；第一外稃具 3 脉，两边脉上被长柔毛，中部以上的毛约与稃体等长，芒自顶端以下伸出；内稃稍短于外稃；不孕花外稃，顶端截平。花果期 6~10 月。

宁夏普遍分布，生于沙质地或荒滩。我国南北各地均有分布。

42. 草沙蚕属 *Tripogon* Roem. et Schult.

中华草沙蚕 *Tripogon chinensis* (Franch.) Hack.

多年生草本。须根稠密。秆直立，细弱，紧密丛生。叶鞘多短于节间，无毛，口部具长柔毛，常带紫红色；叶舌膜质，长约 0.5mm，具纤毛；叶片背面无毛，上面疏被长柔毛，常内卷成细针状。穗状花序细瘦，穗轴无毛；小穗黑绿色，含 2~8 花；颖质薄，第一颖长约 3mm，先端尖，第二颖具 1 脉，脉延伸成小尖头；外稃质薄，近膜质，具 3 脉，主脉延伸成芒，基盘具长柔毛；内稃与外稃等长或稍短于外稃。花果期 7~9 月。

产宁夏贺兰山、罗山、银川、灵武、同心、中宁、青铜峡等市（县），生于山坡、路边及沙质地。分布于黑龙江、辽宁、内蒙古、甘肃、新疆、陕西、山西、河北、河南、山东、江苏、安徽、台湾、江西、四川等。

43. 锋芒草属　*Tragus* Haller

锋芒草 *Tragus mongolorum* Ohwi

一年生草本。秆斜升或平卧地面。叶鞘短于节间，无毛；叶舌具柔毛；叶片边缘具刺毛。花序紧密呈穗状；小穗 2 个簇生而常具第三个退化小穗；第一颖退化，薄膜质，微小，第二颖革质，背部具 5 条肋刺，顶端具伸出刺外的尖头；外稃膜质，具 3 条不明显的脉纹；内稃较外稃稍短而质薄，脉更不显。花果期 6~8 月。

产宁夏北部荒漠草原，生于山坡、沙地、田边、道旁。分布于甘肃、河北、内蒙古、青海、山西、四川、西藏和云南。

44. 隐子草属　*Cleistogenes* Keng

（1）丛生隐子草 *Cleistogenes caespitosa* Keng

多年生草本。秆丛生，直立，无毛。叶鞘除鞘口具白色长柔毛外，其余无毛，下部者短于节间，上部者常长于节间；叶舌为一圈纤毛；叶片背面平滑无毛，上面稍粗糙，通常内卷或下部者扁平。圆锥花序开展，分枝，粗涩，斜升或平展；小穗通常含 3~5 花；颖不等长，膜质而稍透明，第一颖先端尖或钝，具 1 脉或无脉，第二颖先端尖，具 1 脉；外稃具 5 脉或间脉不太明显，边缘疏生柔毛，第一外稃先端具小尖头；内稃等长或稍长于外稃，脊上部粗涩。花果期 7~8 月。

产宁夏须弥山和贺兰山，生于干旱山坡。分布于甘肃、河北、河南、辽宁、内蒙古、陕西、山东和山西。

（2）薄鞘隐子草 *Cleistogenes festucacea* Honda

多年生草本。秆直立，密丛生。叶鞘无毛，鞘口具柔毛；叶舌为纤毛；叶片质较薄，线状披针形，先端长渐尖，扁平，上面及边缘稍粗糙，背面较平滑。圆锥花序开展，每节具1分枝，枝腋间具柔毛；小穗含1~3小花；颖不等长，质薄有光泽，具1脉；外稃披针形，边缘疏生细柔毛，具5脉，主脉延伸成短芒，基盘具短柔毛；内稃稍短于外稃，先端凹，2脊在先端延伸成小尖头。花果期7~8月。

产宁夏贺兰山，生于山坡、林缘、灌丛、路边。分布于甘肃、河北、内蒙古、山东和山西。

（3）朝阳隐子草 *Cleistogenes hackelii* (Honda) Honda

多年生草本。秆直立，密丛生。叶鞘均较节间为长，平滑无毛，鞘口具柔毛或无毛；叶舌极短，边缘具纤毛；叶片上面稍粗糙，下面光滑，通常内卷。圆锥花序稀疏，开展，具3~5个分枝；小穗含3~5小花；颖不等长，渐尖，具1脉或第二颖具3脉，主脉稍粗糙；外稃先端具极微小2齿，具5脉，间脉常不明显，中脉延伸成短芒，近边缘具稀少长柔毛，基盘具短毛；内稃与外稃等长或近等长，先端微凹，脊上粗糙。花果期7~8月。

产宁夏贺兰山及银川以北地区，生于干旱山坡或沙质地。分布于安徽、福建、甘肃和贵州。

（4）无芒隐子草 Cleistogenes songorica (Roshev.) Ohwi

多年生草本。秆直立，具多节，密丛生，无毛。叶鞘长于节间，无毛，稍口处具柔毛；叶舌短，顶端截形，边缘具短纤毛；叶片扁平或先端内卷，上面及边缘粗糙，背面光滑。圆锥花序开展，下部各节具1分枝，枝腋间具白色长柔毛；小穗含3~8小花，成熟时带紫色；颖不等长，膜质，先端尖，具1脉；外稃质较薄，上部边缘宽膜质，具5脉，主脉及边脉疏生长柔毛，基盘疏生短毛，先端无芒或具小尖头，内稃与外稃等长或稍短，脊下部具长纤毛，上部具短纤毛或粗糙，顶端近平滑；雄蕊3，花药黄色或带紫色。花果期7~9月。

产宁夏贺兰山、罗山及银川、吴忠、中卫、青铜峡等市（县），生于干旱山坡或草地。分布于甘肃、河南、内蒙古、青海、陕西和新疆。

（5）糙隐子草 Cleistogenes squarrosa (Trin.) Keng

多年生草本。秆密生，光滑无毛，干后卷曲作蜿蜒状。叶鞘长于节间，层层包裹直达花序基部；叶舌为1圈很短的纤毛；叶片通常内卷，糙涩。圆锥花序狭窄，分枝单生，各分枝疏生2~5小穗；小穗含2~3小花，绿色或带紫色；颖不等长，通常具1脉，边缘宽膜质，无毛，脊上粗糙；外稃具5脉，或间脉不明显而具3脉，近边缘处常具柔毛，先端微2裂，主脉延伸成较稃体短的芒，基盘具短毛；内稃与外稃等长或稍长，脊延伸成短芒。花期8月。

产宁夏贺兰山、罗山、南华山及盐池、中宁、青铜峡、中卫、海源等县，生于干旱山坡或草地。分布于黑龙江、吉林、辽宁、内蒙古、甘肃、新疆、河北、山西、陕西、山东等。

45. 马唐属 *Digitaria* Heist.

（1）毛马唐 *Digitaria ciliaris* (Retz.) Koel. var. *chrysoblephara* (Figari & De Notaris) R. R. Stewart

一年生草本。秆基部倾卧，着土后节易生根，具分枝，高 30~100cm。叶鞘多短于其节间，常具柔毛；叶舌膜质；叶片线状披针形，两面多少生柔毛，边缘微粗糙。总状花序 4~10 枚，呈指状排列于秆顶；穗轴宽约 1mm，中肋白色，约占其宽的 1/3，两侧之绿色翼缘具细刺状粗糙；小穗披针形，孪生于穗轴一侧；小穗柄三棱形，粗糙；第一颖小，三角形；第二颖披针形，长约为小穗的 2/3，具 3 脉，脉间及边缘生柔毛；第一外稃等长于小穗，具 7 脉，脉平滑，中脉两侧的脉间较宽而无毛，间脉与边脉间具柔毛及疣基刚毛，成熟后，两种毛均平展张开；第二外稃淡绿色，等长于小穗；花药长约 1mm。花果期 6~10 月。

宁夏普遍分布，生于路旁田野。分布于黑龙江、吉林、辽宁、河北、山西、河南、甘肃、陕西、四川、安徽及江苏等。

（2）**止血马唐** *Digitaria ischaemum* (Schreb.) Schreb.

一年生草本。秆丛生，直立或基部略倾斜。叶鞘疏松，具脊，无毛或疏生柔毛，除基部叶鞘外均短于节间；叶舌膜质，先端圆；叶片扁平，两面疏生柔毛或下面无毛。总状花序2~4个，着生秆顶，彼此接近或最下一个较离开；穗轴两侧绿色部分稍宽于白色的中肋，边缘粗糙；小穗灰绿色或带紫色，穗轴每节着生2~3个小穗，小穗柄无毛或微粗糙；第一颖微小或几缺如，透明膜质，无脉；第二颖与小穗等长或稍短，较狭窄，具3脉，脉间及边缘具棒状柔毛；第一外稃具5脉，脉间及边缘亦具棒状柔毛。谷粒成熟后黑褐色，与小穗等长。花果期7~10月。

产宁夏引黄灌区，生于河边、沟渠边或田边。广泛分布于我国南北各地。

（3）马唐 *Digitaria sanguinalis* (L.) Scop.

一年生草本。叶鞘疏松，大都短于节间，多少疏生有疣基的软毛，稀无毛；叶舌先端钝圆；叶片，两面疏生柔毛或无毛，边缘变厚而粗糙。总状花序 3~10 个，上部者互生或呈指状排列于秆顶，基部者近于轮生；穗轴宽约 1mm，中肋白色，约占其宽的 1/3，两侧绿色，边缘粗糙且具细齿；小穗通常孪生，一具长柄，一具极短柄或几无柄；第一颖微小，薄膜质；第二颖长为小穗的 1/2~3/4，狭窄，具很不明显的 3 脉，边缘具纤毛；第一外稃与小穗等长，具明显的 5~7 脉，中部 3 脉明显，脉间距离较宽而无毛，侧脉甚接近或不明显，无毛或于脉间贴生柔毛，边缘或具纤毛。谷粒几乎等长于小穗。花果期 6~10 月。

产宁夏引黄灌区，生于沟渠边及田边。我国南北各地均广泛分布。

46. 狗尾草属　*Setaria* Beauv.

（1）断穗狗尾草 *Setaria arenaria* Kitag.

一年生草本。秆直立，丛生或近丛生。叶鞘口边缘具纤毛，基部叶鞘常具瘤；叶舌为一圈纤毛组成；叶片狭线形。圆锥花序紧密，呈细圆柱形，直立，下部有疏隔间断；第一颖长为小穗的 1/3，第二颖与小穗等长；第一外稃与小穗等长，内稃膜质。花果期 7~9 月。

产宁夏盐池县，生于沙地或潮湿滩地。分布于我国山西、内蒙古、甘肃等。

（2）粱 *Setaria italica* (L.) Beauv.

一年生草本。秆直立，粗壮。叶鞘无毛；叶舌具纤毛；叶片线状披针形，先端渐尖，基部钝圆，上面粗糙，下面较光滑。圆锥花序穗状，通常下垂，主轴密生柔毛；刚毛显著长于或仅稍长于小穗；小穗椭圆形；第一颖长为小穗的 1/3~1/2，具 3 脉；第二颖略短于乃至短于小穗 1/4，具 5~9 脉；第一外稃与小穗等长，具 5~7 脉；内稃短小；谷粒等长于第一外稃，卵形或圆球形，具细点状皱纹，成熟后与其他小穗部分脱离。

宁夏多栽培。我国南北各地均有栽培。

（3）金色狗尾草 *Setaria pumila* (Poiret) Roemer & Schultes

一年生草本。秆直立或基部倾斜地面，并于节上生根。叶鞘下部者压扁具脊，上部者为圆形，光滑无毛；叶舌为一圈柔毛；叶片先端长渐尖，基部钝圆形，无毛，上面粗糙，下面光滑。圆锥花序紧密，圆柱形，通常直立，主轴被微毛；刚毛金黄色或稍带褐色，粗糙；小穗椭圆形，先端尖，通常在一簇中仅 1 个发育；第一颖广卵形，先端尖，具 3 脉，长约为小穗的 1/3；第二颖长约为小穗的一半，先端钝，具 5~7 脉；第一外稃与小穗等长，具 5 脉；内稃膜质，几等长于外稃，等宽于谷粒，含雄蕊 3 个；谷粒等长于第一外稃，成熟时具明显的横皱纹，背部极隆起，黄色或灰色。花果期 7~9 月。

宁夏普遍分布，生于山坡、路旁、荒地、田边，为常见田间杂草。我国南北各地普遍分布。

（4）狗尾草 *Setaria viridis* (L.) Beauv.

一年生草本。秆直立或基部膝曲，通常较细弱，有时粗壮。叶鞘较松弛，无毛或具柔毛；叶舌具纤毛；叶片扁平，先端渐尖，基部略呈钝圆形或渐窄，通常无毛。圆锥花序密呈圆柱形，微弯垂或直立；刚毛粗糙，绿色、黄色或变紫色；小穗椭圆形，先端钝；第一颖卵形，长约为小穗的 1/3，具 3 脉；第二颖几与小穗等长，具 5（7）脉；第一外稃与小穗等长，具 5~7 脉，具一狭窄的内稃；谷粒长圆形，顶端钝，具细点状皱纹。花期 6~8 月。

宁夏普遍分布，生于山地、荒野、路旁、田边，为常见田间杂草。我国南北各地均有分布。

 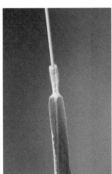 

47. 狼尾草属 *Pennisetum* Rich.

（1）白草 *Pennisetum flaccidum* Griseb.

多年生草本。具横走的根状茎。秆直立，单生或丛生。叶鞘于基部者多密集，上部者多松弛，无毛或于鞘口和边缘具纤毛；叶舌短，具纤毛；叶片线形，无毛或有柔毛。圆锥花序穗状，呈圆柱形，主轴有角棱，无毛或有微毛；总梗极短；刚毛粗糙，灰白色或带紫褐色；小穗单生；第一颖先端钝圆，脉不明显，第二颖长约为小穗的 1/2~3/4，先端尖或渐尖，具 3~5 脉；第一外稃与小穗等长，具 7~9 脉，内稃膜质或退化；雄蕊 3 个或退化，花药顶端无毛。花果期 6~10 月。

产宁夏贺兰山、罗山、南华山及银川、盐池、青铜峡、中卫、中宁等市（县），生于山坡、沙地、田埂等处。分布于我国东北、华北、西北及西南。

   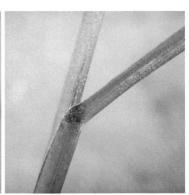

（2）狼尾草 *Pennisetum alopecuroides* (L.) Spreng.

多年生。须根较粗壮。秆直立，丛生。叶鞘光滑，两侧压扁，主脉呈脊，在基部者跨生状，秆上部者长于节间；叶舌具纤毛；叶片线形，先端长渐尖，基部生疣毛。圆锥花序直立；小穗通常单生，偶有双生，线状披针形；第一颖微小或缺，膜质，先端钝，脉不明显或具1脉；第二颖卵状披针形，先端短尖，具3~5脉，长约为小穗1/3~2/3；第一小花中性，第一外稃与小穗等长，具7~11脉；第二外稃与小穗等长，披针形，具5~7脉，边缘包着同质的内稃；鳞被2，楔形；雄蕊3；花柱基部联合。颖果长圆形。花果期夏秋季。

产宁夏哈巴湖保护区，生于山坡草地。我国自东北、华北经华东、中南及西南各地均有分布。

48. 稗属 *Echinochloa* P. Beauv.

（1）稗 *Echinochloa crusgalli* (L.) Beauv.

一年生草本。秆直立，基部倾斜或膝曲，光滑无毛。叶鞘松弛，下部者长于节间，上部者短于节间，平滑无毛；无叶舌；叶片无毛。圆锥花序的主轴具角棱，粗糙，较粗壮；总状花序具小枝，斜上或贴生，下部者排列较疏松，上部者排列较紧密，穗轴基部具有硬刺疣毛；小穗密集于穗轴的一侧，具极短柄或近无柄；第一颖三角形，基部包卷小穗，长约为小穗的1/3~1/2，具5脉，边脉仅于基部较明显，具短硬毛或硬刺疣毛；第二颖先端成小尖头，具5脉，脉上具刺状疣毛，脉间被短硬毛；第一外稃草质，上部具7脉，具硬刺疣毛，脉间被短硬毛，先端延伸成1粗壮的芒；内稃与外稃等长，膜质，具2脊。花果期7~10月。

宁夏普遍分布，生于沼泽、沟渠边、低洼荒地及稻田中。全国普遍分布。

（2）无芒稗 *Echinochloa crusgalli* (L.) Beauv. var. *mitis* (Pursh) Petermann

本变种与正种的主要区别在于小穗无芒或具极短的芒。花果期 8 月。

宁夏引黄灌区普遍分布，生于沟渠边、稻田中。全国各地均有分布。

（3）湖南稗子 *Echinochloa frumentacea* (Roxb.) Link

　　一年生草本。秆粗壮，高 100~150cm。叶鞘光滑无毛，大都短于节间；叶舌缺；叶片扁平，线形，质较柔软，无毛，先端渐尖，边缘变厚或呈波状。圆锥花序直立，长 10~20cm；主轴粗壮，具棱，棱边粗糙，具疣基长刺毛；分枝微呈弓状弯曲；小穗卵状椭圆形或椭圆形，绿白色，无疣基毛或疏被硬刺毛，无芒；第一颖短小，三角形，长约为小穗的 1/3~2/5；第二颖稍短于小穗；第一小花通常中性，其外稃草质，与小穗等长，内稃膜质，狭窄；第二外稃革质，平滑而光亮，成熟时露出颖外，顶端具小尖头，边缘内卷，包着同质的内稃。花果期 8~9 月。

　　宁夏引黄灌区稻田中常见有逸生，有栽培作饲料者。分布于安徽、广西、贵州、黑龙江、河南、内蒙古、四川、台湾和云南。

49. 野古草属　*Arundinella* Raddi

毛秆野古草 *Arundinella hirta* (Thunb.) Tanaka

多年生草本。秆直立，单生。叶鞘或仅边缘具纤毛或全部密生疣毛；叶舌甚短，干膜质。叶片扁平或边缘稍内卷。圆锥花序分枝直立或斜升，大都自基部开始着生小穗；小穗灰绿色或带深紫色；颖卵状披针形，先端尖或渐尖，具 3~5 脉；第一颖长为小穗的 1/2~2/3，第二颖与小穗等长或稍短，第一外稃具 3~5 脉，基盘无毛，先端无芒；内稃较短，含 3 雄蕊；第二外稃稍粗糙，具不明显的 5 脉，无芒或主脉延伸成芒状小尖头，基盘两侧及腹面的毛长约为其稃体的 1/3~1/2；内稃稍短。花果期 6~9 月。

产宁夏固原原州区及隆德等市（县），生于山坡草地。除新疆、青海、西藏外几遍全国。

50. 薏苡属　*Coix* L.

薏苡 *Coix lacryma-jobi* L.

一年生草本。秆直立，约具 10 节。叶舌质硬；叶片边缘粗糙，中脉粗厚而于下面凸起。总状花序腋生成束，直立或下垂，具总梗；雌小穗位于花序的下部，外面包以骨质念珠状的总苞，总苞约与小穗等长；第一颖下部膜质，上部厚纸质，具 10 数脉；第二颖舟形，被包于第一颖中，先端厚纸质；第一小花仅具外稃，略短于颖，先端质较厚而渐尖；第二外稃稍短于第一外稃，具 3 脉；内稃与外稃相似而较小；雄蕊 3 个退化；雌蕊具长花柱，柱头分离；颖果；无柄雄小穗；颖草质，第一颖扁平，两侧内折成脊且具不等宽的翼，具多数脉；外稃与内稃均膜质；雄蕊 3；有柄雄小穗与无柄雄小穗相似，但较小或退化。花果期 7~10 月。

宁夏有少量栽培。分布于辽宁、河北、山西、山东、河南、陕西、江苏、安徽、浙江、江西、湖北、湖南、福建、台湾、广东、广西、海南、四川、贵州、云南等。

51. 玉蜀黍属 *Zea* L.

玉蜀黍（玉米）*Zea mays* L.

一年生草本。秆直立。叶鞘具横脉；叶片宽大，线状披针形，边缘呈波状皱折，具强壮中脉。雄性圆锥花序顶生；雄小穗孪生，含2小花；两颖几等长，膜质，背部隆起，具9~10脉；内外稃均膜质，与颖近等长，雌小穗孪生，成8~18（30）行排列于粗壮呈海绵状的穗轴上；两颖相等，甚宽，无脉，具纤毛；第一小花不育；外稃膜质，似颖但较小而无纤毛，具内稃或无；第二外稃与第一外稃相似，具内稃。

宁夏普遍栽培。在中国广泛栽培。

52. 芒属 *Miscanthus* Anderss.

荻 *Miscanthus sacchariflorus* (Maxim.) Hackel

多年生草本。根茎粗壮，被鳞片。秆直立，具多节，节部具长须毛。叶鞘下部者长于节间，上部者短于节间，无毛或有毛；叶舌先端钝圆，具小纤毛；叶片线形，除上面基部密生柔毛外，其余均无毛。圆锥花序扇形，主轴无毛，仅在分枝的腋间有短毛；分枝较弱；穗轴节间无毛，每节具 1 短柄和 1 长柄的小穗，小穗狭披针形，基盘具白色丝状长毛，毛长约为小穗的 2 倍；第一颖先端膜质而渐尖，具 2 脊，无脉或在脊间有 1 条不明显的脉，边部和上部具长柔毛，毛长逾小穗的 2 倍以上；第二颖舟形，先端渐尖并与边缘同为膜质而具小纤毛，具 3 脉，背部无毛或具稀疏长柔毛；第一外稃披针形，较颖稍短，先端尖，具小纤毛和 3 条脉；第二外稃披针形，较颖短 1/4，先端尖，具小纤毛，无脉或具 1 条不明显的脉，稀具 1 微小的短芒；内稃卵形，长约为外稃的一半，先端不规则的齿裂，具长纤毛。花果期 8~10 月。

产宁夏贺兰山及引黄灌区各市（县），生于山坡、草地及田边。分布于我国东北、华北、西北及华东。

53. 高粱属 *Sorghum* Moench.

（1）高粱 *Sorghum bicolor* (L.) Moench

一年生草本。秆直立。叶鞘无毛或被白粉；叶舌硬膜质，先端圆，边缘生纤毛；叶片狭披针形。圆锥花序分枝轮生；无柄小穗卵状椭圆形，成熟时下部硬革质而光滑无毛，上部及边缘具短柔毛；颖果倒卵形，成熟后露出于颖外；有柄小穗雄性，其发育程度变化甚大。花果期秋季。

宁夏各地均有栽培，其品种甚多。本植物为我国主要栽培杂粮之一。

（2）苏丹草 *Sorghum sudanense* (Piper) Stapf

一年生草本。高 2~3m。秆直立，多由基部分枝。圆锥花序直立，松散，直径约为长度的一半，分枝半轮生，下半部或下部三分之一裸露；无柄小穗披针状卵圆形，基部周围具毛，接近顶端具稀疏贴生的绢状毛，芒宿存，膝曲，下中扭转；有柄小穗狭窄，与无柄小穗等长，具明显脉纹。花果期 6~9 月。

宁夏有栽培，原产非洲。安徽、北京、福建、贵州、黑龙江、河南、内蒙古、陕西、新疆、浙江有栽培。

54. 孔颖草属　*Bothriochloa* Kuntze

白羊草 *Bothriochloa ischaemum* (L.) Keng

多年生草本。秆丛生，直立或基部膝曲，具 3 至多节，节上无毛或具白色髯毛。叶鞘短于节间，仅基部长于节间而互相跨覆，无毛；叶舌膜质，先端钝圆，具纤毛；叶片狭线形，顶生者有时短缩，先端渐尖，基部圆形，两面疏生柔疣毛或下面无毛。总状花序 4 至多数簇生于秆顶，细弱，灰绿色或带紫色；穗轴节间与小穗柄两侧具白色丝状毛；无柄小穗，基盘具髯毛；第一颖草质，背部中央稍下凹，具 5~7 脉，下部 1/3 常具丝状柔毛，边缘内卷，上部成 2 脊，先端钝而带膜质；第二颖舟形，脊上粗糙，边缘近于膜质，中部以上具纤毛；第一外稃边缘上部疏生纤毛，第二外稃退化成线形，先端延伸成 1 膝曲的芒；有柄小穗雄性，无芒，第一颖背部无毛，具 9 脉，第二颖具 5 脉，两边内折，边缘具纤毛。花果期 7~10 月。

产宁夏贺兰山、须弥山、罗山、牛首山、西华山及隆德县，生于山坡、路边及河滩地。分布几遍全国。

55. 荩草属 *Arthraxon* Beauv.

荩草 *Arthraxon hispidus* (Trin.) Makino

一年生草本。秆细弱，基部倾斜或平卧，具多节，常分枝，无毛，基部的节着土后易生根。叶鞘短于节间，生短硬疣毛；叶舌膜质，边缘具纤毛；叶片卵状披针形，先端渐尖，基部心形抱秆，除下部边缘生纤毛外其余部分均无毛。总状花序细弱，2~10 个成指状排列或簇生于秆顶，穗轴节间无毛，长为小穗的 2/3~3/4；有柄小穗退化仅剩短柄；无柄小穗，卵状披针形，灰绿色或带紫色；第一颖草质，边缘带膜质，具 7~9 脉；第二颖近于膜质，与第一颖等长，舟形，具 3 脉，2 侧脉常不明显；第一外稃透明膜质，长约为第一颖的 2/3；第二外稃与第一外稃等长，膜质但基部质较硬，近基部伸出 1 膝曲的芒，下部扭转。花果期 8~10 月。

产宁夏引黄灌区，多生于沟渠边、荒地或湿润草地上。全国各地均有分布。

（朱鑫鑫 拍摄）

56. 大油芒属　*Spodiopogon* Trin.

大油芒 *Spodiopogon sibiricus* Trin.

多年生草本。秆直立，具6~9节，无毛。叶鞘长于节间，无毛或疏生长柔毛；叶舌干膜质，截平；叶片宽线形，先端渐尖，基部略狭，两面疏被长柔毛。圆锥花序顶生，主轴无毛或分枝腋处疏被髯毛；分枝近于轮生，下部长裸露，上部具1~2个小分枝，小枝具2~4个节，节上具长髯毛，每节具2个小穗，1有柄，1无柄；穗轴节间及小穗柄两侧具较长的纤毛，先端膨大；小穗基部具长为小穗的1/5~1/4的短毛；两颖等长，第一颖背部遍布长毛，先端较钝或具小尖头，具6~9脉，第二颖两侧压扁，背部具脊，先端具小尖头，无柄者通常具3脉，除脊的上部及边缘具长毛外其他部分无毛，有柄者遍体具长毛，具5~7脉；第一小花雄性，具3雄蕊，外稃与小穗几等长，卵状披针形，先端尖，具1~3脉，上部生微毛，内稃稍短；第二小花两性，外稃稍短于小穗，2深裂达稃体长的2/3，裂齿间伸出1芒，中部1回膝曲，芒柱扭转，内稃稍短于外稃。花期7~8月。

产宁夏六盘山，生于山坡、路边。分布于我国东北、华北、华东及西北。

四十三　鸭跖草科　Commelinaceae

鸭跖草属　*Commelina* L.

鸭跖草 *Commelina communis* L.

一年生草本。茎基部匍匐，多分枝。单叶互生，无柄或几无柄；叶片披针形、宽披针形或卵状披针形，先端渐尖，基部近圆形或宽楔形；叶鞘鞘口边缘被长柔毛；佛焰苞心状卵形，边缘对合折叠，基部不连合；聚伞花序生于枝上部的具3~4朵花，生于下部的具1~2

朵花；萼片 3，卵形，膜质；花瓣蓝色，3 枚，1 片较小，卵形，另外 2 片较大，近圆形；发育雄蕊 3 枚。雌蕊 1，子房上位。蒴果椭圆形。花期 7~8 月，果期 8~9 月。

　　产宁夏盐池、中卫等市（县），生于田间、林下阴湿地。分布于东北、华北、华中、华南、西南等。

参 考 文 献

程积民，朱仁斌 . 2014. 六盘山植物图志 . 北京：科学出版社

黄璐琦，李小伟 . 2017. 贺兰山植物资源图志 . 福州：福建科技出版社

刘夙，刘冰 . 多识植物 .http://duocet.ibiodiversity.net/

马德滋，刘惠兰，胡福秀 . 2007. 宁夏植物志 (上卷). 2 版 . 银川：宁夏人民出版社

中国科学院中国植物志编辑委员会 . 1961. 中国植物志，第十一卷 . 北京：科学出版社

中国科学院中国植物志编辑委员会 . 1978. 中国植物志，第七卷 . 北京：科学出版社

中国科学院中国植物志编辑委员会 . 1980. 中国植物志，第十四卷 . 北京：科学出版社

中国科学院中国植物志编辑委员会 . 1990. 中国植物志，第三卷第一分册 . 北京：科学出版社

中国科学院中国植物志编辑委员会 . 1992. 中国植物志，第八卷 . 北京：科学出版社

中国科学院中国植物志编辑委员会 . 1996. 中国植物志，第九卷第一、二、三分册 . 北京：科学出版社

中国科学院中国植物志编辑委员会 . 1999. 中国植物志，第四卷第二分册 . 北京：科学出版社

中国科学院中国植物志编辑委员会 . 2004. 中国植物志，第六卷第三分册 . 北京：科学出版社

朱宗元，梁存柱 . 2011. 贺兰山植物志 . 银川：阳光出版社

Wu Z Y, Raven P H.1999.Flora of China: Vol. 4. Beijing: Science Press and Missouri Botanical Garden

Wu Z Y, Raven P H.2000.Flora of China: Vol. 24. Beijing: Science Press and Missouri Botanical Garden

Wu Z Y, Raven P H.2006.Flora of China: Vol. 22. Beijing: Science Press and Missouri Botanical Garden

Wu Z Y, Raven P H.2010.Flora of China: Vol. 23. Beijing: Science Press and Missouri Botanical Garden

Wu Z Y, Raven P H.2013.Flora of China: Vol. 2. Beijing: Science Press and Missouri Botanical Garden